高职高专机械设计与制造专业规划教材

夹具拼装及设计项目训练教程

宋晓英　胡林岚　成小英
王传红　高　艳　编　著

清华大学出版社
北京

内 容 简 介

本教材针对机床夹具技术课程应用性与综合性强的特点，以获得国家实用新型专利技术的"便携式专用夹具拼装教学模型"作为操作学习平台，系统地介绍了夹具基础知识、相应夹具模型的拼装使用方法和专用夹具的设计要点。

本教材共分两部分。项目训练指南：按照夹具类型给出钻、铣、镗、铣断、车等夹具模型的拼装方法和过程，以及相应专用夹具的设计要点，可在分析不同夹具之间联系和区别的基础上，进行专用夹具的设计训练；附录：按被加工零件的工艺流程，给出连杆、拨叉、传动轴等零件加工工艺中 30 多道工序的夹具拼装项目实例供学习参考，并给出了便携拼装式夹具模型的零件明细表和装箱图。

本教材可作为应用型本科院校、高职高专等各类大中专院校机械、机电等专业相关课程的教学用书，也可作为师生创新创业活动的参考资料。

图书在版编目(CIP)数据

夹具拼装及设计项目训练教程/宋晓英等编著. —北京：清华大学出版社，2018（2023.1重印）
(高职高专机械设计与制造专业规划教材)
ISBN 978-7-302-49279-5

Ⅰ.①夹… Ⅱ.①宋… Ⅲ.①夹具—高等职业教育—教材 Ⅳ.①TG75

中国版本图书馆 CIP 数据核字(2018)第 004495 号

责任编辑：陈冬梅　　陈立静
装帧设计：王红强
责任校对：李玉茹
责任印制：宋　林

出版发行：清华大学出版社
　　　　　网　　　址：http://www.tup.com.cn, http://www.wqbook.com
　　　　　地　　　址：北京清华大学学研大厦 A 座　　　邮　　编：100084
　　　　　社 总 机：010-83470000　　　　　　　　　邮　　购：010-62786544
　　　　　投稿与读者服务：010-62776969, c-service@tup.tsinghua.edu.cn
　　　　　质量反馈：010-62772015, zhiliang@tup.tsinghua.edu.cn
　　　　　课件下载：http://www.tup.com.cn, 010-62791865
印 装 者：北京九州迅驰传媒文化有限公司
经　　销：全国新华书店
开　　本：185mm×260mm　　　印　张：9.25　　　字　　数：225 千字
版　　次：2018 年 5 月第 1 版　　　　　　　　印　次：2023 年 1 月第 3 次印刷
定　　价：35.00 元

产品编号：072592-01

前　　言

　　机床夹具设计是机械制造类专业学生必备的专业核心技能，要求学生能够完成典型零件的工艺工装设计。该课程实践性强、应用范围广，在企业尤其是中小企业的生产中，夹具在保证零件加工精度、减少加工成本、提高劳动生产率方面起着非常重要的作用。目前生产企业采用的非通用夹具有专用夹具、组合夹具和可调夹具等多种常用类型，针对夹具课程教学中存在的课时少，学生对机械结构认知和动手能力差，理论与实践联系不够的现象，便携拼装式夹具模型在专用夹具的基础上，将组合夹具的零部件易拆装、可反复使用，可调夹具的零件可进行调整的优点结合起来，经过创新设计，使得三种夹具的工作特点在教学中都有所体现，因此夹具教学模型的使用范围更广。

　　"便携式专用夹具拼装教学模型"是已获得国家实用新型专利的创新型夹具教学模型。本教材中以此夹具模型为操作学习平台，针对连杆、拨叉、传动轴等典型零件和加工工艺，通过夹具模型拼装展现夹具常用定位夹紧元件的结构、使用方法、适用场合，并通过拼装构成钻、铣、镗等各种常用机床使用的夹具类型，实现了从结构理解入手，先动手实践，再对照实物提高理论知识的学习方法，为教师教学演示及学生进行夹具知识学习与创新设计，提供了一种新型、有效的教学模式。

　　本教材由宋晓英、胡林岚、成小英、王传红、高艳编著。具体编写分工如下：项目指南部分：宋晓英(项目 1、2)、成小英(项目 3、4)、胡林岚(项目 5、6)；附录部分：夹具拼装项目实例(宋晓英、胡林岚、高艳)、拼装夹具模型元件明细表和装箱图(宋晓英、王传红)。建议教学课时为 30～50 课时，采用理论与实践同步进行的方式进行教学，也可用于工艺及夹具类课程的实验、实训及课程设计环节。教学中可参照教学实例，要求学生搭建相近零件和工序的夹具模型并进行专用夹具的设计。

　　在本教材的编写过程中，参考了《机械制造工艺学课程设计指导书(第 2 版)》(赵家齐编，机械工业出版社)和《机床专用夹具图册(第 2 版)》(李旦等著，哈尔滨工业大学出版社)中零件和夹具的案例，并参考了大量有关机床夹具技术方面的论著及资料，在此对文献作者表示感谢。在本教材的编写过程中，龙青、沈鹏、蒋洪勇、梁为柯、杨芳、季洪波、张晓强、郝梦婷等同学参与了教学素材的制作，在此一并表示感谢。

　　由于编者水平有限，书中的不足之处在所难免，恳请同行与读者批评指正。邮箱：sxyhahaha@sohu.com。

编　者

目　　录

绪　　论

机床夹具是在机械制造过程中，用来固定加工对象，使之占有正确位置，以接受加工或检测并保证加工要求的机床附加装置，简称夹具。

在机床上加工工件时，必须用夹具装好、夹牢工件。将工件装好，就是在机床上确定工件相对于刀具的正确位置，这一过程称为定位。将工件夹牢，就是对工件施加作用力，使之在定位好的基础上将工件可靠地压紧，这一过程称为夹紧。从定位到夹紧的过程称为装夹。机床夹具的主要功能就是完成工件的装夹工作。工件装夹情况的好坏，将直接影响工件的加工精度和生产效率。

机床夹具的种类很多，按应用范围可分为通用夹具、专用夹具、可调夹具和组合夹具；按使用的机床分类，可分为车床夹具、铣床夹具、钻床夹具、镗床夹具、磨床夹具、数控机床夹具等；按夹具动力源可分为手动夹具、液压夹具、气动夹具、电动夹具、磁力夹具等。

对于各类机床，夹具的结构千差万别，但它们的工作原理基本上是相同的。将各类夹具作用相同的结构或元件加以概括，可得出夹具一般共有的几个组成部分。

(1) 定位元件，在夹具中用来确定工件正确加工位置。

(2) 夹紧元件，将工件压紧夹牢，并保证工件在加工过程中正确位置不变。

(3) 对刀或导向元件，保证工件的加工表面与刀具之间的正确位置。

(4) 夹具体，夹具的基体骨架，用来配置、安装各夹具元件使之组成一个整体。

根据加工工件的要求以及所选用机床的不同，有些夹具上还有分度机构、平衡块以及用于确定夹具在机床上正确位置的定向键等。

以图 0-1 所示的传动轴钻孔夹具为例，图中的 1—V 形块是定位元件，2—压板是夹紧元件，3—可换钻套是导向元件，4—夹具体是整个夹具的基础连接件。

夹具设计是一种相互关联的工作，涉及的知识面很广，需要经过方案设计、结构设计、原理设计与设计验算等多项前期工作，方能完成夹具装配图的设计。《夹具拼装及设计项目训练教程》选择了工艺及夹具设计教学中具有典型意义的加工零件——连杆、拨叉以及轴类零件作为被加工零件，经夹具拼装、原理分析、结构完善、设计计算、绘制工程图，逐步引导完成夹具的分析和设计过程。

图 0-1　传动轴钻孔夹具

1—V 形块；2—压板；3—可换钻套；4—夹具体；5—调节螺钉

项目训练中采用的被加工零件的主样件如图 0-2 所示。

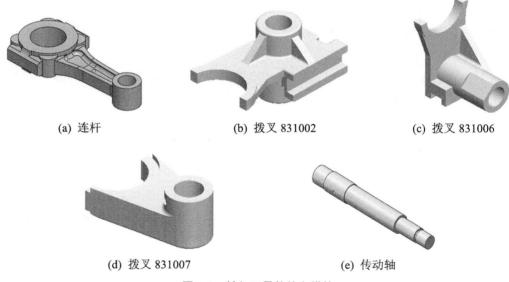

(a) 连杆　　　　　　　(b) 拨叉 831002　　　　　(c) 拨叉 831006

(d) 拨叉 831007　　　　　　　(e) 传动轴

图 0-2　被加工零件的主样件

项目 1　夹具拼装基础知识

【学习目标】

- ◆ 理解拼装夹具模型的设计原理。
- ◆ 掌握拼装夹具模型元件的分类、结构及运用。
- ◆ 了解夹具模型拼装的工作过程。
- ◆ 熟悉专用夹具设计的基本步骤。

1.1　拼装夹具模型的设计原理

机床夹具按通用化程度和使用范围可分为通用夹具、专用夹具、可调夹具和组合夹具等。

(1) 通用夹具。通用夹具是指结构、尺寸已标准化、规格化，在一定范围内可用于加工不同工件的夹具。这类夹具作为机床的附件由机床附件厂制造和供应。如车床上的三爪自定心卡盘、四爪单动卡盘；铣床上的平口虎钳、分度头；平面磨床上的磁力工作台。夹具的特点是适用性强，无须调整或稍作调整就可以装夹一定形状和尺寸范围的工件。

(2) 专用夹具。专用夹具是指针对某一工件的某一工序的加工要求而专门设计和制造的夹具。其特点是针对性强，没有通用性。在产品相对稳定、批量较大的生产中，常用各种专用夹具，可获得较高的生产率和加工精度。但其设计制造周期较长，无法满足产品柔性化生产的需要。

(3) 可调夹具。可调夹具针对不同类型和尺寸的工件，只需调整或更换原来夹具上的个别定位元件和夹紧元件便可使用。它一般又分为通用可调夹具和专用可调夹具，前者的通用范围大，适用性广；后者是针对形状、尺寸、工艺要求相似的一组工件设计，适用于成组生产，也称成组夹具。可调夹具在多品种、中小批生产中使用有较好的经济效果。

(4) 组合夹具。组合夹具是一种模块化的夹具，标准的模块元件具有较高的精度和耐磨性，可组装成各种夹具，使用后即可拆卸，留待组装新的夹具。使用组合夹具可缩短生产准备周期，元件能重复多次使用，可减少专用夹具数量，在单件、中小批多品种生产和数控加工中是一种较经济的夹具。

企业在生产中除了常用通用夹具、专用夹具外，也有不少企业采用组合夹具和可调夹具进行产品生产。

便携拼装式夹具模型是以专用夹具结构为基础，结合了组合夹具的标准零部件可反复使用、易于连接和可拆卸性能与可调夹具的元件可调性。模型中设计的夹具元件可展现各种常用的定位、夹紧元件的结构、使用方法、适用场合，零部件可反复使用，组装成易于拆卸的各种不同的夹具模型。夹具拼装时根据被加工零件的加工工艺要求，从拼装夹具库中选择所需的夹具元件，用搭积木的形式进行拼装并通过联接件紧固来达到对被加工零件定位夹紧的要求，在夹具使用后可拆散元件并根据需要重新拼装成新的夹具。

便携拼装式夹具模型中有非标和改装元件 33 个，可拼装完成连杆、拨叉和轴类等多个零件加工过程中钻、铣、镗、铣断等多道工序加工所需的专用夹具教学模型 30 多套，包括六点定位中三平面、一面两销、V 形块及双 V 形块、销轴定位等多种典型定位方式，包括压板夹紧、螺旋夹紧、偏心夹紧、斜楔夹紧等多种常见夹紧方式。可通过夹具模型的拼装过程体会组合夹具、可调夹具和专用夹具的设计理念及异同。

1.2   拼装夹具模型元件的分类与应用

便携拼装式夹具模型元件由以下三种类型组成。

非标元件 21 种，以字母 PZ 标注，如 PZ01。

改装元件 12 种，以字母 GZ 标注，如 GZ01，是在标准元件的基础上进行了局部修改。

标准元件若干，如螺钉、螺母、垫圈等。

其主要模型元件的分类与作用按夹具的组成部分介绍如下。

1.2.1   定位元件及定位机构

拼装夹具模型中可用的定位元件主要有三类。

(1) V 形块。V 形块包括固定 V 形块(GZ01)和活动 V 形块(GZ02)，可以实现单 V 形块、双 V 形块等各种定位。图 1-1 所示为固定 V 形块定位实例。

(2) 定位销。定位销包括圆柱销(GZ10)、菱形销(GZ11)和定位轴(PZ14)，可实现一面两销定位和各种孔、轴的定位。图 1-2 所示为一面两销定位实例。

(3) T 形槽用螺母。T 形槽用螺母实现 T 形槽的定位或联接，包括 T 形槽用螺母1(PZ16)，用于单向槽定位，如图 1-3 所示；T 形槽用螺母 2(PZ17)，用于十字交叉 T 形槽配合定位。

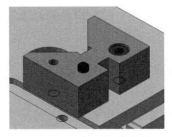

图 1-1   固定 V 形块定位

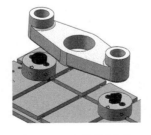

图 1-2   一面两销定位

图 1-3   T 形槽用螺母 1

1.2.2　夹紧元件及夹紧装置

根据常用夹具夹紧机构的设计，拼装夹具模型中选用了四类夹紧装置。

(1) 螺旋夹紧元件及螺旋夹紧装置。例如，由夹紧侧板(PZ04)、压紧螺钉(GZ12)与活动 V 形块配合可构成螺旋夹紧装置等，如图 1-4 所示。

(2) 压板夹紧元件及压板夹紧装置。压板夹紧装置包括夹紧压板 1(PZ07)、支撑轴(PZ12)、T 形槽用螺母 3(PZ18)以及螺母、螺栓等标准件，如图 1-5 所示。

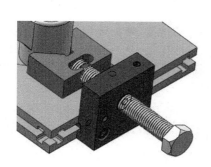

图 1-4　螺旋夹紧机构

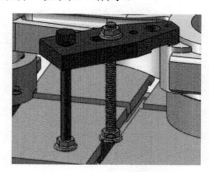

图 1-5　压板夹紧装置

(3) 偏心夹紧元件及夹紧装置。偏心夹紧装置由偏心轮(PZ13)、手柄(PZ15)和夹紧压板 2(PZ08)等组成，如图 1-6 所示。

(4) 斜楔夹紧元件及夹紧装置。斜楔夹紧装置由夹紧侧板(PZ04)、压紧螺钉(GZ12)、斜楔挡块(PZ21)、顶销和定位板 2(PZ20)组成。斜楔挡块推进时推动顶销上升，通过压板压紧工件，如图 1-7 所示。

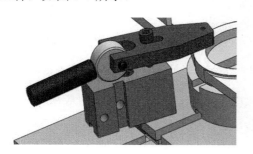

图 1-6　偏心夹紧装置

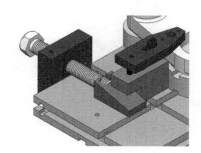

图 1-7　斜楔夹紧装置

1.2.3　导向元件及对刀元件

导向元件是用来确定刀具位置并引导刀具进行加工的元件，如钻夹具中的固定钻套(GZ07)、可换钻套(GZ03)和快换钻套(GZ04)，镗夹具中的镗套(GZ08)等，如图 1-8 所示。

对刀元件是用来确定刀具在加工前正确位置的元件，如铣夹具中的直角对刀块

(GZ05)、圆形对刀块(GZ06)等，如图 1-9 所示。

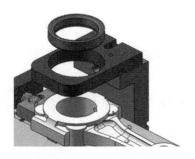

图 1-8 扩孔用的固定钻套

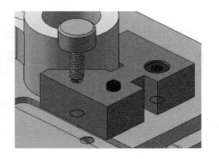

图 1-9 铣夹具中的圆形对刀块

1.2.4　夹具体

夹具体是整套夹具的基础。在拼装夹具模型中设计了长方形基础板(PZ01)、侧板 1(PZ02)、侧板 2(PZ03)用作拼装夹具的基础件，如图 1-10～图 1-12 所示。在长方形基础板和侧板表面上开有 T 形槽，可用于连接和安装夹具上的其他元件及装置，以构成各种不同类型的夹具体。

图 1-10　基础板

图 1-11　侧板 1

图 1-12　侧板 2

例如，侧板 1 可与钻模板(PZ05)、钻模镗板(PZ06)连接，构成钻夹具的基体。

其他元件的应用可参看"附录 A 夹具拼装项目实例"和"附录 B 拼装夹具模型元件明细表"。

1.3　夹具模型拼装的工作过程

拼装夹具模型时要根据被加工零件的加工工艺要求，从拼装夹具模型库中选择所需的夹具模型元件，用搭积木的形式进行拼装并通过联接件紧固，以构成所需的夹具模型，实现对被加工零件定位夹紧的要求。

1.3.1　夹具模型拼装的工作步骤

夹具模型拼装的工作过程包括以下几个步骤。

(1) 课程预习：了解夹具的基础知识，了解拼装夹具的基本组成。

(2) 选择元件：针对所需设计的夹具，选择夹具模型元件，了解其结构、作用、选择方法。

(3) 搭建模型：拼装并调节夹具元件的位置，并用联接件连接紧固，完成装配，分析夹具的装夹原理。

(4) 模拟装夹：对被加工零件进行定位、夹紧连续操作，体会夹具的装夹过程。

(5) 模型分析：根据模型结构，分析夹具的不足之处，进一步完善夹具的功能、结构和精度，绘制专用夹具工程图。

(6) 拆卸模型：完成项目任务后，将模型拆散，元件按"装箱图"位置放入模型箱中，归位后清点，以便后续拼装其他夹具使用。

1.3.2　夹具模型拼装案例

现参照绪论中图 0-1 所示传动轴钻孔夹具简单介绍夹具模型的拼装搭建过程。

1. 夹具工作方案分析

工件前期已完成外圆、端面和键槽的加工。本工序中，传动轴以外圆和轴端面为定位基准进行加工工序定位，以键槽实现止转。可采用 V 形块进行外圆定位，用压板实现夹紧。

2. 选择拼装元件

根据夹具工作方案可选择传动轴钻孔夹具所使用的元件，明细如表 1-1 所示。各元件在拼装中的位置可参考传动轴钻孔拼装夹具模型爆炸图，如图 1-13 所示。

表 1-1　传动轴钻孔拼装夹具元件明细表

序　号	编　号	名　　称	数　量	备　　注
1	PZ01	长方形基础板	1	
2	GZ02	活动 V 形块	1	
3	BZ02	六角头螺栓	1	GB/T 6177.1—2000
4	PZ04	夹紧侧板	1	
5	PZ12	支撑轴	2	
6	BZ05	六角法兰面螺母	3	GB/T 6177.1—2000
7		被加工轴毛坯	1	
8	PZ07	夹紧压板 1	2	
9	GZ03	可换钻套	1	
10	BZ04	钻套用螺钉 M5	1	JB/T 8045.5—1995
11	PZ18	T 形槽用螺母 3	2	

序　号	编　号	名　　称	数　量	备　注
12	PZ02	侧板 1	1	
13	BZ03	M6×25 内六角圆柱头螺钉	7	GB/T 70.1—2000
14	PZ16	T 形槽用螺母 1	7	
15	GZ01	固定 V 形块	1	

3. 拼装操作步骤

在选好元件的基础上，可按照下列顺序完成夹具模型的搭建。

(1) 将长方形基础板放在工作台上。

(2) 用内六角圆柱头螺钉和 T 形槽用螺母 1，将固定 V 形块和活动 V 形块分别安装到长方形基础板上。

(3) 用内六角圆柱头螺钉和 T 形槽用螺母 1，将夹紧侧板安装到长方形基础板的顶端。

1.3.2　钻夹具拼装动画

(4) 用支撑轴、六角法兰面螺母和 T 形槽用螺母 1 设置止转挡块。

(5) 用内六角圆柱头螺钉和 T 形槽用螺母 1 将侧板 1 安装到长方形基础板的侧面。

(6) 用内六角圆柱头螺钉、T 形槽用螺母 3 将小钻模板(夹紧压板 1)安装到侧板 1 上。

(7) 将钻套和 M5 钻套用螺钉安装到小钻模板上。

(8) 用支撑轴、六角头螺栓、六角法兰面螺母、T 形槽用螺母 3 将夹紧压板 1 安装到基础板上，作为压板夹紧。

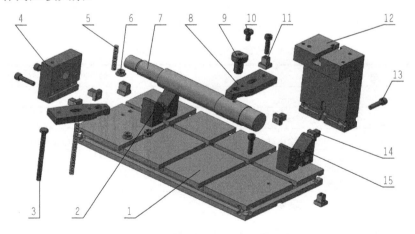

图 1-13　传动轴钻孔拼装夹具模型爆炸图

1—长方形基础板；2—活动 V 形块；3—六角头螺栓；4—夹紧侧板；5—支撑轴；6—六角法兰面螺母；
7—被加工轴毛坯；8—夹紧压板 1；9—可换钻套；10—钻套用螺钉；11—T 形槽用螺母 3；12—侧板 1；
13—内六角圆柱头螺钉；14—T 形槽用螺母 1；15—固定 V 形块

(9) 通过调整侧板 1 与长方形基础板之间的相对位置、小钻模板与侧板 1 之间的相对位置，保证钻套中心位置。调整各元件到位后，拧紧所有联接件实现各元件的固定。完成的夹具模型如图 1-14 所示。

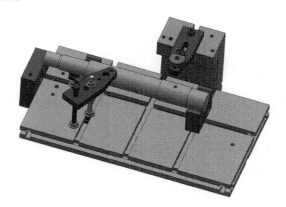

图 1-14　传动轴钻孔拼装夹具

4. 夹具的工作原理分析

在完成夹具模型拼装的基础上，进行夹具基本工作原理的分析。

定位：夹具采用双 V 形块定位，轴外圆面与两个 V 形块斜面接触，限制四个自由度；轴一端用夹紧侧板限制轴向移动；用 T 形槽用螺母伸进传动轴键槽内止转，共限制六个自由度。属于完全定位。

夹紧：压板夹紧，采用螺母与支撑轴旋合，使压板压紧工件。

导向：在钻模板上安装有可换钻套，实现刀具的导向。

1.4　专用夹具设计的步骤

专用夹具设计一般是在零件的机械加工工艺过程制订之后按照某一工序的具体要求进行的，对夹具的基本要求是要保证加工工序的精度要求，提高劳动生产率，降低制造成本，并使夹具具有良好的工艺性和劳动条件。

专用夹具设计的步骤如下。

1. 明确设计要求，收集设计资料

(1) 分析产品的零件图和装配图：了解工件的作用、结构特点、材料、技术要求。

(2) 分析零件的加工工艺规程和工序图，分析工艺装备设计任务书：了解工件的加工状态、工序要求以及本工序的工序基准和定位基准。对任务书或工序卡所提出的要求进行可行性分析，以便发现问题，与工艺人员及时沟通。

(3) 了解企业生产情况：了解夹具制造车间的生产条件和技术现状；熟悉车间里工序

加工中所使用的机床、刀具、量具及其他辅具的型号、规格、主要参数及与夹具连接部分的结构和尺寸。

(4) 了解工件的生产纲领、投产批量及生产组织等相关信息。

(5) 收集有关设计资料：准备好设计夹具用的各种标准、工艺规定、典型夹具图册和有关夹具设计资料、手册等。

2. 制定夹具结构方案，构思结构草图

定位方案设计：根据六点定位原则确定工件的定位方式，选择合适的定位元件，尽可能选用标准件。

确定夹紧方案：确定夹紧方法，选择合适的夹紧装置；重点考虑夹紧力的大小、方向和作用点及作用力的传递方式。

确定对刀或导引方案：设计对刀装置或刀具导引件的结构形式和布局。

确定其他装置及元件的结构形式：例如分度装置、预定位装置和吊装元件等。

确定夹具与机床的连接方式及夹具体的结构形式：设计安装基面及连接元件；协调各元件、装置的布局，确定夹具体的总体结构和尺寸。

设计方案的确定是一个十分重要的设计步骤，决定了夹具设计的成败，必须进行充分的研究和讨论，在对多种方案分析比较的基础上，选择最佳方案。

3. 夹具精度分析计算，方案审查改进

(1) 夹具精度分析：初步确定相关元件的公差配合与相互位置精度，计算定位误差、夹具安装误差和刀具位置误差等，进行工序精度分析，以论证能否保证本工序的加工精度要求。

(2) 进行夹紧力验算：有动力装置的夹具，需根据切削力大小验算夹紧力。

(3) 方案审核：方案确定后，应将拟订的方案画成夹具结构草图，征求有关人员的意见，并送有关部门审查，然后根据反馈意见对夹具方案做进一步修改。

方案设计审核包括下列内容。

(1) 夹具的标志是否完整。

(2) 夹具的搬运是否方便。

(3) 夹具与机床的连接是否牢固和正确。

(4) 定位元件是否可靠和精确。

(5) 夹紧装置是否安全和可靠。

(6) 工件的装卸是否方便。

(7) 夹具与有关刀具、辅具、量具之间的协调关系是否良好。

(8) 加工过程中切屑的排除是否良好。

(9) 操作的安全性是否可靠。

(10) 加工精度是否符合工件图样所规定的要求。

(11) 生产率能否达到工艺要求。

(12) 夹具是否具有良好的结构工艺性和经济性。

(13) 夹具的标准化审核。

作为夹具设计的技术人员，应熟知以上 13 项内容，在学习、分析和设计夹具的原理、结构时体现出较全面的视野。

4. 夹具装配总图设计，绘制非标零件图

1) 夹具总装配图设计

夹具总装配图应按国家标准绘制，绘制时还应注意以下事项。

(1) 尽量选用 1∶1 的比例，以使所绘制的夹具具有良好的直观性。

(2) 尽可能选取与操作者正对的位置作为主视图，应符合视图最少原则。

(3) 总图上要用双点画细线绘出工件的形状和主要表面(定位基准面、夹紧表面和被加工表面、轮廓表面等)，在总装图中可把工件看作透明体，不遮挡后面夹具上的线条。

(4) 总装图应把夹具的工作原理、结构和各种元件间的位置关系和装配关系表达清楚。

(5) 合理标注尺寸、公差和技术要求。

(6) 合理选择零件材料，编制零件明细表。

2) 绘制夹具非标零件工程图

夹具总图绘制完毕后，对夹具上的非标准零件均要绘制零件工作图。

零件工作图应严格遵照所规定的比例绘制，并按夹具总图的要求，确定零件的尺寸、公差及技术要求，加工精度及表面粗糙度的选择应合理。

夹具上专用零件的制造属于单件生产，精度要求较高，根据夹具精度要求和制造的特点，有些零件必须在装配中进行相配加工，有的应在装配后，再进行就地加工，在这样的零件工作图上，应该注明相应的技术要求。

项 目 寄 语

一个不受约束的零件是无法加工的，同样也无法被使用。

只要有加工，就有装夹。夹具除了在机床加工中使用外，在很多场合都会出现，如生产线、机器人等。

外行看热闹，内行看门道。拼装一套夹具似乎不难，用时也不多，但理解、设计一套好的夹具却并不那么容易。学习一门技术从欣赏开始，如同学习绘画要多看画展一样。从拼装进入夹具的学习，要学会欣赏它、审视它、分析它。学始于初、成于悟、精于勤，总有一天会进入技术审核行列，真正学会欣赏技术的成果，成为专业的人才。

思考与练习

1. 通用夹具、可调夹具、组合夹具和专用夹具的结构特点及应用有什么区别？

2. 机床夹具由哪些部分组成？各组成部分的作用是什么？

3. 简述夹具拼装模型中元件的组成与分类。

4. 简述夹具拼装模型的夹具拼装工作过程。

5. 在设计夹具方案时，要考虑哪些主要问题？简述专用夹具设计步骤。

6. 完成传动轴钻孔夹具模型的拼装，并了解其工作原理。

7. 如何分析和评价一套夹具的优劣？将图 1-14 所示传动轴钻孔拼装夹具与图 0-1 所示传动轴钻孔夹具的结构进行比对，对两套夹具的优劣进行初步分析。

项目 2　拼装铣夹具

【学习目标】

◆　掌握铣夹具模型的拼装方法。

◆　掌握夹具的定位原理与结构设计。

◆　理解铣夹具的结构设计要点。

◆　熟悉专用铣床夹具的设计。

2.1　项　目　案　例

本项目以拨叉铣平面和铣槽夹具为例，介绍铣夹具模型的拼装。

2.1.1　铣拨叉 831007 上表面夹具

831007 拨叉主样件如图 0-2(d)所示，本案例加工中，毛坯采用一坯两件。

1. 工艺要求

831007 拨叉 $\phi40$ 上表面在换挡时起定位作用，精度要求不是很高。该夹具用于拨叉加工的第一道工序，铣毛坯上表面。

2. 夹具拼装方案思考

定位方案：毛坯以底面为定位基准，限制三个自由度；毛坯一端采用"固定 V 形块"定位，限制两个自由度；毛坯另一端用"活动 V 形块"止转，限制一个自由度。夹具共限制六个自由度，属于完全定位。

夹紧方案：采用螺旋夹紧方式。通过压紧螺钉的旋合，推动活动 V 形块直线运动，实现夹紧。

对刀方案：在夹紧侧板上安装圆形对刀块，实现刀具的对刀。

3. 选择元件

根据夹具工作方案选择夹具所使用的元件，如表 2-1 所示。各元件在拼装中的位置可参考拼装夹具模型爆炸图，如图 2-1 所示。

表 2-1　831007 拨叉铣上平面拼装夹具元件明细表

序　号	编　号	名　称	数　量	备　注
1	PZ01	长方形基础板	1	

序 号	编 号	名 称	数 量	备 注
2	GZ01	固定 V 形块	1	
3	BZ03	M6×25 内六角圆柱头螺钉	3	GB/T 70.1—2000
4	BZ01	定位销	1	GB/T 119—2000
5		被加工拨叉 831007 毛坯	1	
6	GZ06	圆形对刀块	1	
7	GZ12	压紧螺钉	1	
8	PZ04	夹紧侧板	1	
9	GZ02	活动 V 形块	1	
10	PZ16	T 形槽用螺母 1	3	

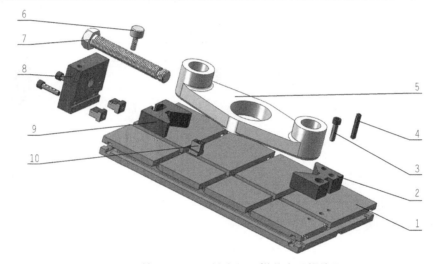

图 2-1　拨叉 831007 铣上平面拼装夹具爆炸图

1—长方形基础板；2—固定 V 形块；3—内六角圆柱头螺钉；4—定位销；5—被加工拨叉毛坯；
6—圆形对刀块；7—压紧螺钉；8—夹紧侧板；9—活动 V 形块；10—T 形槽用螺母 1

4. 拼装操作及调整

在选好元件的基础上，按照下列顺序完成夹具模型的搭建，并进行调整。

(1) 将长方形基础板放在工作台上。

(2) 用一个内六角圆柱头螺钉和一个销将固定 V 形块安装到长方形基础板上。

(3) 用两个 T 形槽用螺母 1 和两个内六角圆柱头螺钉将夹紧侧板安装在长方形基础板侧面。

(4) 将压紧螺钉装在夹紧侧板上，将活动 V 形块卡在压紧螺钉前端的凹槽中，可沿安装在长方形基础板面上 T 形槽内的 T 形槽用螺母 1 前后滑动。

(5) 将圆形对刀块安装在夹紧侧板上。

(6) 调整圆形对刀块的位置，实现刀具的对刀。调整好各元件位置后固定联接件。

完成的拨叉 831007 铣上平面拼装夹具如图 2-2 所示。

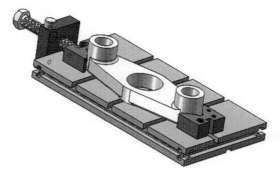

图 2-2　拨叉 831007 铣上平面拼装夹具

2.1.2　铣拨叉 831002 槽平面夹具

831002 拨叉主样件如图 0-2(b)所示，本案例加工中，毛坯采用一坯两件。

1. 工艺要求

该夹具用于铣拨叉 831002 槽平面，定位用拨叉孔已在前面工序中加工完成。

2.1.2　铣夹具拼装动画

2. 夹具拼装方案思考

定位方案：采用一面两销的定位方式，以两个孔端面与圆形定位盘接触，形成一个平面，限制三个自由度。一个孔采用圆柱销定位，限制两个自由度；另一孔采用菱形销定位，限制一个自由度。夹具共限制六个自由度，属于完全定位。

夹紧方案：采用螺旋夹紧。采用螺母与支撑轴旋合，利用开口垫片可实现快速装卸。

对刀方案：在夹紧侧板上安装有直角对刀块，实现刀具的对刀。

3. 选择元件

根据夹具拼装方案选择夹具所使用的元件，如表 2-2 所示。各元件在拼装中的位置可参考拼装夹具模型爆炸图，如图 2-3 所示。

表 2-2　铣拨叉 831002 槽平面拼装夹具零件明细表

序　号	编　号	名　称	数　量	备　注
1	PZ01	长方形基础板	1	
2	BZ05	六角法兰面螺母	3	GB/T 6177.1—2000
3	GZ09	开口垫片	1	
4	PZ03	侧板 2(短)	1	
5	BZ01	定位销	1	GB/T 119—2000

序　号	编　号	名　　称	数　量	备　　注
6	BZ03	M6×25 内六角圆柱头螺钉	10	GB/T 70.1—2000
7	GZ05	直角对刀块	1	
8	GZ10	圆柱销	1	
9	PZ12	支撑轴	1	
10	PZ11	圆形定位盘	2	
11	PZ03	侧板 2(长)	1	
12	PZ02	侧板 1	1	
13	GZ11	菱形销	1	
14	BZ02	六角头螺栓	1	GB/T 5782—2000
15	PZ16	T 形槽用螺母 1	10	
16		被加工拨叉 831002 毛坯	1	

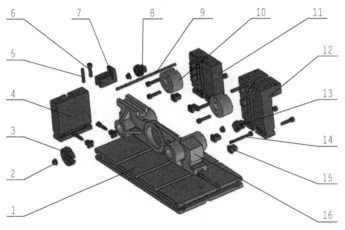

图 2-3　铣拨叉 831002 槽平面拼装夹具爆炸图

1—长方形基础板；2—六角法兰面螺母；3—开口垫片；4—侧板 2(短)；5—定位销；
6—内六角圆柱头螺钉；7—直角对刀块；8—圆柱销；9—支撑轴；10—圆形定位盘；11—侧板 2(长)；
12—侧板 1；13—菱形销；14—六角头螺栓；15—T 形槽用螺母 1；16—被加工拨叉毛坯

4. 拼装操作及调整

在选好元件的基础上，按照下列顺序完成夹具模型的搭建，并进行调整。

(1) 将长方形基础板放在工作台上。

(2) 用内六角圆柱头螺钉和 T 形槽用螺母将侧板 2(短)安装到长方形基础板的端面。

(3) 用内六角圆柱头螺钉和 T 形槽用螺母将侧板 1 和侧板 2(长)分别安装到长方形基础板的一侧。

(4) 用内六角圆柱头螺钉、T 形槽用螺母、六角头螺栓、六角法兰面螺母将圆形定位盘、菱形销安装到侧板 1 上。

(5) 用内六角圆柱头螺钉、T 形槽用螺母、支撑轴、六角法兰面螺母将圆形定位盘、圆柱销安装到侧板 2(长)上。

(6) 将直角对刀块安装到基础板端面的侧板 2(短)上，实现刀具的对刀。

(7) 调整好各元件位置后，固定联接件。

(8) 安装被加工零件后，用开口垫片、六角法兰面螺母夹紧零件。

完成的 831002 拨叉铣槽平面拼装夹具如图 2-4 所示。

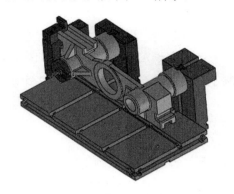

图 2-4　831002 拨叉铣槽平面拼装夹具

2.2　夹具定位及结构设计

使工件在夹具上迅速得到正确位置的方法叫定位。工件用来定位的各表面叫定位基准面，在研究和分析工件定位问题时，定位基准面的选择是一个关键问题。基准面的选定应尽可能与工件的设计基准重合，以减少定位误差。

在夹具上用来支持工件定位基准面的表面叫限位支承面。一般来说，工件的定位基准一旦被选定，则工件的定位方案也基本上被确定。

2.2.1　工件定位的基本原理

夹具定位方案是否合理，直接关系到能否保证工件的加工精度。设计定位方案需从工件定位的基本原理入手。

1. 自由度的概念

任何一个位于空间自由状态的工件，相对于直角坐标系来说，都具有六个自由度。如图 2-5 所示的工件，它们在空间的位置是任意的，既能沿 Ox、Oy、Oz 三个坐标轴移动，称为移动自由度，分别表示为 $\vec{x}$、$\vec{y}$、$\vec{z}$；又能绕 Ox、Oy、Oz 三个坐标轴转动，称为转动自由度，分别表示为 $\hat{x}$、$\hat{y}$、$\hat{z}$。

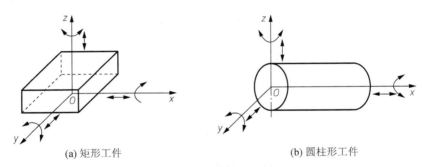

(a) 矩形工件　　　　　　　　　(b) 圆柱形工件

图 2-5　工件的六个自由度

要使工件在夹具的某个方向上有确定的位置，就必须要限制该方向的自由度。如果工件的六个自由度都加以限制了，工件的空间位置也就完全被确定下来了。因此，定位实质上就是限制工件的自由度。

2. 六点定位原则

分析工件定位时，通常是用一个支承点限制工件的一个自由度，用合理设置的六个支承点，限制工件的六个自由度，使工件在夹具中的位置完全确定，这就是六点定位原则。

如图 2-6 所示，对于矩形工件，欲使其完全定位，可以在其底面设置三个不共线的支承点 1、2、3，限制工件的三个自由度 $\vec{z}$、$\hat{x}$、$\hat{y}$；侧面设置两个支承点 4、5，限制两个自由度 $\vec{x}$、$\hat{z}$；端面设置一个支承点 6，限制一个自由度 $\vec{y}$。于是限制了工件的六个自由度，实现了完全定位。

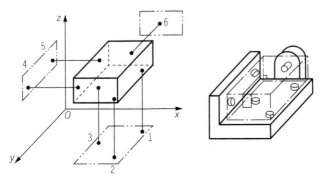

图 2-6　矩形工件六位支承点的布置

上述实例中，底面设置了三个支承点，限制了工件的三个自由度，称为主要定位基面，三个支承点布置得越远，面积越大，工件定位就越稳定。侧面设置了两个支承点，限制了工件的两个自由度，称为导向定位基面，应选取工件上窄长的表面，且两支承点间的距离应尽量远些，以保证对 $\hat{z}$ 的限制精度。限制一个自由度的表面，工件只和一个支承点接触，这一支承点通常在工件的最短、最狭窄的表面上选取。限制工件一个移动自由度的称为止推定位基面；若限制一个转动自由度，则称为止转定位基面。

3. 工件的定位要求

在实际工作中，工件的定位不一定要把六个自由度完全加以限制，而应根据工序的要求、定位的形式以及布置的情况来决定限制自由度的数量。

(1) 完全定位。工件定位时，其六个自由度全部被限制的定位叫作完全定位。当工件在三个坐标方向上均有尺寸要求或位置精度要求时，一般采用这种定位方法。

例如：本项目所拼装的两套夹具案例均为完全定位。

(2) 不完全定位。工件根据工序加工要求只需限制其部分自由度，但能满足该工序加工要求的定位叫作不完全定位。

例如：附录 A 中，A.1.10 铣连杆端盖结合面夹具，在加工连杆盖上表面时，只需要限制 $\vec{z}$、$\hat{x}$、$\hat{y}$ 三个自由度；A.5.1 传动轴铣键槽夹具 K，$\hat{x}$ 可以不用限制，只需要限制五个自由度。这两个实例均为不完全定位。

(3) 欠定位。工件实际定位所限制的自由度数，少于该工序加工要求必须限制的自由度数的定位叫作欠定位。

欠定位的结果将导致出现应该限制的自由度未予限制，从而无法保证加工要求，所以是不允许出现的。

例如：附录 A 中，比较 A.5.2 钻 $\phi5$ 孔夹具与 A.5.1 铣键槽夹具的定位情况。两者看似区别不大，但前者限制了六个自由度，后者只限制了五个自由度，为不完全定位。若在 A.5.2 钻 $\phi5$ 孔夹具中采用 A.5.1 铣键槽夹具的定位方案，由于没有止转装置，工件绕支撑轴转动方向上的位置将不确定，钻出的孔与下面的键槽难以达到对称要求，这时就不再是不完全定位，而是出现了欠定位，它不能保证加工要求，设计就不合格。

(4) 过定位。工件定位时，出现两个或两个以上的定位支承点重复限制工件上的同一个自由度的情况，叫作过定位。

过定位会导致重复限制同一个自由度的定位支承点之间产生干涉现象，从而导致定位不稳定，破坏定位精度。

例如，在本项目案例二拨叉 831002 铣槽平面拼装夹具中，若将定位销中的菱形销用圆柱销替代，则分析其定位自由度可知，两圆盘端面组成一平面，限制 $\hat{y}$、$\hat{x}$、$\vec{z}$ 三个自由度，左边的圆柱定位销可限制 $\vec{z}$、$\vec{x}$ 两个自由度，右边的圆柱定位销可限制 $\hat{y}$、$\vec{x}$ 两个自由度。按六点定位原则分析，两个圆柱定位销均限制了 $\vec{x}$ 这个自由度，就造成了过定位。当工件两孔间位置尺寸与夹具上两圆柱定位销位置间尺寸有误差时，将发生干涉，使工件无法装入夹具中；若强行安装，则可能造成定位元件出现变形，引起误差，甚至损坏夹具。

由于过定位往往会带来不良后果，一般确定定位方案时应尽量避免。消除或减小过定位所引起的干涉常用的方法，一是提高工件定位基准之间以及定位元件工作表面之间的位置精度；二是改变定位元件的结构，使定位元件重复限制自由度的部分不起定位作用：如上例中用菱形销替代圆柱销，使定位销在 $\bar{x}$ 上不重复定位；如把长销改为短销，减少接触面积，减去引起过定位的自由度；如设法使过定位的定位元件在干涉方向上能浮动，以减少实际支承点的数目，如在本项目案例一铣拨叉 831007 上表面夹具中，固定 V 形块可限制两个自由度，而滑动 V 形块就只限制一个自由度。

4. 应用六点定位原则需注意的主要问题

(1) 在实际定位中，定位支承点并不一定就是一个真正直观的点。从几何学的观点分析，成三角形的三个点可确定一个平面的位置，一个成线接触的定位可认为是两个点。因此"三点定位"或"两点定位"仅是指某种定位中数个定位支承点的综合结果，不能机械地看作某一定位支承点限制了某一自由度。

一个定位元件在夹具中限定的自由度数目，要综合夹具定位的具体情况辩证地进行分析，找准主要限位基面、次要限位基面。以圆形定位盘的端面作为限位面为例，附录 A.2 拨叉(零件号 831002)加工拼装夹具实例里，在 A.2.4 铣槽平面夹具中，两个圆形定位盘端面构成一个平面，为主要限位面，限制三个自由度。在 A.2.7 铣螺纹端面夹具中，定位轴构成主要限位面，限制了四个自由度，圆形定位盘端面只起到了止推作用，仅限制一个自由度。

由此可见，定位设计中，定位元件及表面所起的定位作用不是一成不变的。定位中自由度的分析必须结合实际定位情况，在掌握其基本原理和总体原则的基础上，通过学习训练和实践逐步提高，达到熟能生巧的境界。

(2) 要清楚地区分定位与夹紧的不同概念。工件的定位，是工件以定位面与夹具的定位元件的工作面保持接触或配合实现的，一旦工件定位面与夹具定位元件工作面脱离接触或配合，就丧失了定位作用。工件定位以后，为防止工件脱离定位位置，还要用夹紧装置将工件紧固。

就像我们坐车出行，要确定每个人的位置，必须坐在固定的座位上才算完成了定位。为了保证人身安全，坐好后每人都应系好座位上的安全带，以防人在突然受力的情况下冲出座位发生事故，这里安全带起的就是夹紧装置的作用。

(3) 要根据加工要求正确分析工件应该限制的自由度。工件定位时，其自由度可分以下两种：第一种自由度，工件被限制的自由度与其加工尺寸或位置公差要求相对应，这些影响加工要求的自由度必须严格限制，否则就会产生欠定位现象，分析这种自由度是定位方案设计的重要依据；第二种自由度，是不影响加工要求的自由度，其是否需要限制，可由具体的加工情况决定，若不加限制，即为不完全定位。

分析自由度的方法如下：首先根据工序图，明确该工序的加工要求(包括工序尺寸和位置精度)与相应的工序基准；对六个自由度逐个进行判断，找出影响各项加工要求的自由度，便得到该工序必须保证的全部第一种自由度；根据具体加工情况，判断剩下的第二种自由度中哪些需要限制；将所需限制的第一种自由度和第二种自由度结合，便是该工序需要限制的全部自由度。

(4) 要理解并弄清自位支承与辅助支承的应用场合与自由度分析。

自位支承(又叫浮动支承)，它的作用相当于一个固定支承，只限制工件的一个自由度。自位支承的工作特点是：定位过程中，支撑点的位置能随着工件定位基面位置的变化而自动调节，当压下浮动支承中的一个支撑点时，其余点便上升，直至各点都与定位基面接触。接触点数的增加，提高了工件的装夹刚度和稳定性，但夹具结构稍复杂。当既要保证定位副接触良好，又要避免过定位时，常把支承做成浮动或联动结构，使之自位，它适用于工件以毛坯面定位或刚性不足的场合。如图 2-7 所示为常见的自位支承类型。

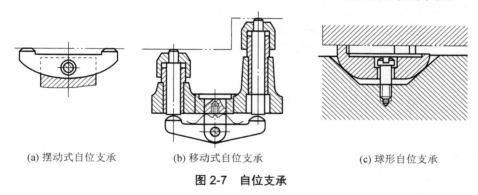

(a) 摆动式自位支承　　　　(b) 移动式自位支承　　　　(c) 球形自位支承

图 2-7　自位支承

辅助支承用来提高工件的装夹刚度和稳定性，没有定位作用，不能限制自由度，也不允许破坏原有定位。工件因尺寸形状特殊或局部刚度较差时，需要设置辅助支承，以防产生定位不稳或工件受力变形造成加工误差。辅助支承的工作特点是：工件定位时，辅助支承是浮动的或是可调的，待工件定位夹紧后，再调整辅助支承，使其与工件表面接触并锁紧。如图 2-8 所示为辅助支承的三种形式。其中自动调节支承(JB/T 8026.7—1999)和推引式辅助支承的结构尺寸可查阅相关夹具手册。

自动调节支承中，弹簧 1 推动滑柱 2 与工件接触，但弹簧力不足以顶起工件，不会破坏工件的定位，工件安装好以后，转动手柄通过顶柱 3 锁紧滑柱 2，使其承受外力，增加被加工零件的刚度。推引式辅助支承在工件装夹后，推动手轮 4，通过斜楔 5 使滑销 6 与工件接触，实现锁紧。辅助支承每安装一次工件，就必须调整一次，以防造成过定位引起的工件定位不准确。

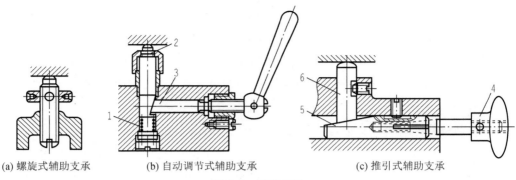

(a) 螺旋式辅助支承　　　　(b) 自动调节式辅助支承　　　　(c) 推引式辅助支承

图 2-8　辅助支承

1—弹簧；2—滑柱；3—顶柱；4—手轮；5—斜楔；6—滑销

2.2.2　常用定位元件及选用

在实际生产中进行工件定位时，是把定位支承点转化为具有一定结构的定位元件，与工件相应的定位基准面相接触或配合而实现的。工件上的定位基准面与相应的定位元件合称为定位副。定位副的选择及制造精度直接影响工件的定位精度、夹具的复杂程度及操作性能等。因此，熟悉并能正确选用定位元件的结构形式是夹具设计的重要一环。

1. 工件以平面定位

工件以平面作为定位基准时，常采用的固定支承定位元件有支承钉和支承板。

(1) 支承钉(JB/T 8029.2—1999)。支承钉一般用于工件定位面较小的三点支承或侧面支承。如图 2-9 所示，A 型为平头支承钉，与工件接触面大，常用于已加工的基准平面定位，即适用于精基准面定位；B 型为圆头支承钉，与工件接触面小，适用于基准面粗糙不平或毛坯面定位，即粗基准定位；C 型为齿纹头支承钉，能增大定位面间的摩擦力，防止工件受力后滑动，常用于侧面定位。

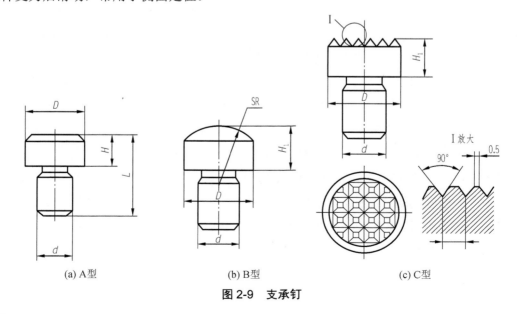

(a) A型　　　　　　　(b) B型　　　　　　　(c) C型

图 2-9　支承钉

支承钉一般用碳素工具钢 T8 经热处理至 55～60HRC，与夹具体采用 H7/r6 过盈配合。

(2) 支承板(JB/T 8029.1—1999)。支承板一般用于支承较大平面且是精基准平面，以增加工件的刚性及稳定性。如图 2-10 所示，A 型支承面为光面，结构简单，但清理沉头螺钉中的切屑较困难，适用于顶面和侧面定位；B 型支承面开有斜凹槽，排屑容易，可适用于底面定位。

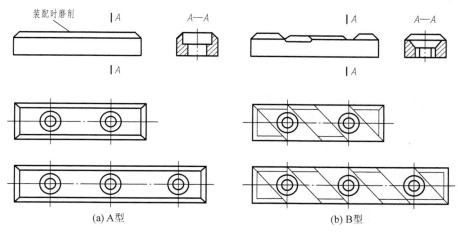

(a) A型　　　　　　　　　　　　　　　(b) B型

图 2-10　支承板

支承板一般用钢 20 渗碳淬硬至 55～60HRC，渗碳深度为 0.8～1.2mm。

一个大平面的定位可以限制两个转动自由度和一个移动自由度。为保证各固定支承的定位表面严格共面，可采用装配后一次磨削的方法，以保证限位基面在同一平面内。

2. 工件以圆柱孔定位

生产中的工件以圆柱孔定位应用较广，这种定位方式的基本特点是：定位孔与定位元件之间处于配合状态，并要求孔中心线与夹具规定的轴线重合。

(1) 定位销：工件上定位内孔较小时，常选用定位销作定位元件。

① 圆柱销(JB/T 8014.2—1999)。圆柱定位销的结构和尺寸已标准化，不同直径的定位销有其相应的结构形式，可根据工件定位内孔的直径选用。定位销的直径 D 为 3～10mm 时，为增加刚度，避免其在使用中折断，或在热处理时淬裂，通常将根部倒成圆角 R，并且夹具体上应有沉孔，使定位销的圆角部分沉入孔内而不妨碍定位。

为便于工件顺利装入，定位销的头部应有 15° 倒角。定位销工作部分的直径，可根据工件的加工要求和安装方便，按 g5、g6、f6、f 7 制造。定位销可用 H7/r6 或配合 H7/n6 压入夹具体孔中。

限制工件两移动自由度的圆柱面，称为双支承定位基准面。图 2-11 中的 A 型称圆柱销，为双支承定位限位面，沿直径方向限制两个移动自由度；B 型称菱形销，直径方向限制一个自由度，在使用时必须注意正确设置菱形销的方向。

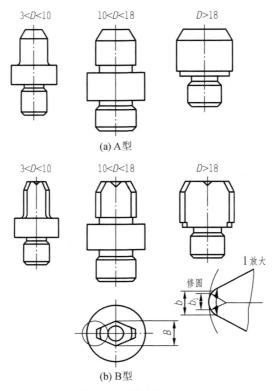

图 2-11 固定式定位销

② 圆锥销。在用工件圆柱孔的孔端边缘定位时，需选用圆锥定位销，如图 2-12 所示。这时为孔端与锥销接触，其交线是一个圆，限制了工件三个移动方向的自由度，其中图 2-12(a)用于粗基准，图 2-12(b)用于精基准。

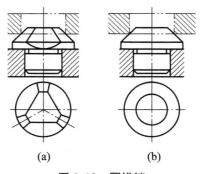

图 2-12 圆锥销

工件在单个圆锥销上定位容易倾斜，因此圆锥销一般与其他定位元件组合定位。如图 2-13 所示为圆锥销成对使用，左端为固定圆锥销，限制三个移动自由度；右端为活动圆锥销，限制两个转动自由度。

图 2-13　双圆锥销

(2) 定位轴。在套类、盘类零件的车、铣、磨削和齿轮加工中，大都选用心轴定位。通常定位轴为专用机构。

① 圆柱心轴。如图 2-14(a)所示为间隙配合心轴，其限位基面一般按 h6、g6 或 f7 制造，圆柱面可限制工件的四个自由度，称为双导向定位基准面。这种心轴装卸工件方便，但定心精度不高。为了实现轴向定位以及承受切削力，常以孔和端面联合定位，因此要求工件的定位孔与定位端面之间、心轴的限位圆柱面与限位端面之间都有较高的垂直度，最好能在一次装夹中加工完成。切削时切削力矩依靠端部螺旋夹紧产生的夹紧力传递。为快速装卸工件，可使用开口垫圈，开口垫圈的两端面应互相平行。

如图 2-14(b)所示为花键心轴，用于以花键孔为定位基准的场合。当工件定位孔的长径比 $L/D > 1$ 时，工作部分可稍带锥度。设计花键心轴时，应根据工件不同的定心方式来确定定位心轴的结构。

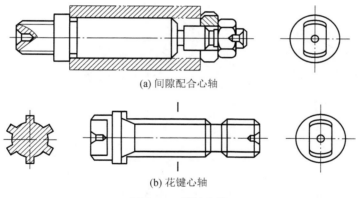

(a) 间隙配合心轴

(b) 花键心轴

图 2-14　圆柱心轴

② 锥度心轴(JB/T 10116—1999)。采用小锥度，利用工件定位圆孔与心轴限位圆柱面的弹性变形夹紧工件。这种定位方式的定心精度较高，但工件的轴向位移误差较大，可用于工件定位孔精度不低于 IT7 的精车和磨削加工，不能加工端面。锥度心轴的结构尺寸可参考相关夹具手册。

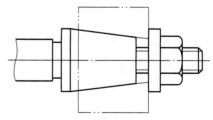

图 2-15　圆锥心轴

③ 圆锥心轴。如图 2-15 所示，用在工件以圆锥孔作为定位基准时。定位方式是工件的定位圆锥孔与心轴上的限位圆锥面接触，要求锥孔和圆锥心轴的锥

度相同，接触良好。而轴向定位精度取决于工件孔和心轴的尺寸精度。圆锥心轴限制工件的五个自由度，即除绕轴线转动的自由度没有限制外，其余均已限制。

3. 工件以外圆柱面定位

工件以外圆柱面定位在生产中经常可见，工件的定位基准常为中心要素，应用最广泛的定位元件是 V 形块。

(1) V 形块。V 形块定位的最大优点是对中性好，它可使工件的定位基准轴线对中在 V 形块两斜面的对称平面上，而不受定位基准直径误差的影响，并且使工件安装方便。V 形块定位的应用范围广，无论定位基准是否经过加工，是完整的圆柱面还是局部圆弧面，都可采用 V 形块定位。

如图 2-16 所示为常用的 V 形块结构，其中图 2-16(a)为用于精基准的短 V 形块；图 2-16(b)为用于精基准的长 V 形块；图 2-16(c)为可用于粗基准面或阶梯轴表面定位的 V 形块。工件在 V 形块上定位时，可根据接触母线的长度决定所限制的自由度数，相对接触较短时，限制工件的两个自由度；相对接触较长时，限制工件的四个自由度。如本项目案例一铣拨叉 831007 上表面夹具中，用一个短 V 形块定位，相对接触较短，限制两个自由度；本教材项目一中传动轴钻孔夹具用两个 V 形块定位，可看作接触较长，限制四个自由度。

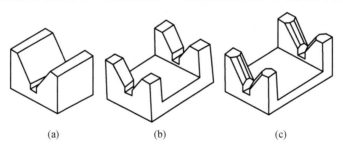

(a)　　　　　　　　(b)　　　　　　　　(c)

图 2-16　常用的 V 形块结构

V 形块可分为固定式和活动式两种。固定式 V 形块(JB/T 8018.2—1999)一般用螺钉和两个定位销装配在夹具体上。活动式 V 形块(JB/T 8018.4—1999)的使用如本项目案例一中的铣拨叉 831007 上表面夹具，可用其补偿定位时因毛坯尺寸变化定位产生的影响，限制一个转动自由度。活动式 V 形块除定位外，还兼有夹紧作用。活动式 V 形块的活动应有导向控制，如图 2-17 所示，与活动式 V 形块相配的导板(JB/T 8019—1999)也已标准化，具体结构参数可查阅相关夹具手册。

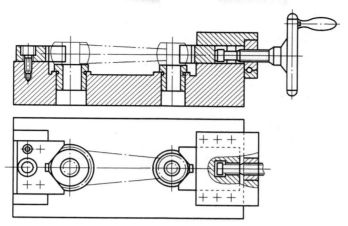

图 2-17　活动式 V 形块的应用

V 形块上两斜面间的夹角 α 一般选用 60°、90° 和 120°，其中 90° 应用最多。90° V 形块的典型结构和尺寸均已标准化(JB/T 8018.1—1999)，可查阅相关夹具手册进行选用和设计。

(2) 孔定位。当工件定位基准圆柱面精度较高时，可选用限位基面为圆孔或半圆孔。

① 定位套。这种定位方法一般适用于精基准定位，所采用的定位元件一般为套筒，工件以外圆柱表面为定位基准在圆孔中定位。定位套结构较简单、容易制造，但定心精度不高，只适用于精基准定位基面。

如图 2-18 所示为常用的几种定位套，其内孔面是限位基面，内孔轴线是限位基准。图 2-18(a)所示为长定位套，内孔限制工件的四个自由度。图 2-18(b)所示为短定位套，内孔限制工件的两个自由度。为了限制工件沿轴向的移动自由度，定位套常与其端面配合使用。若将端面作为主要限位面时，工件端面可以在定位套的大端面上定位，限制工件的三个自由度，这时套的长度必须控制，只能限制工件的两个自由度，否则将出现过定位，夹紧时工件可能产生不允许的变形。图 2-18(c)所示为大直径带端面的定位套。

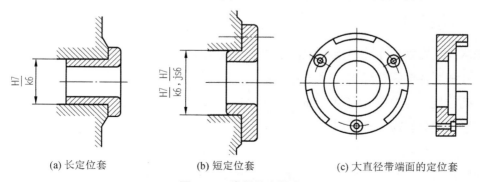

(a) 长定位套　　　　　(b) 短定位套　　　　　(c) 大直径带端面的定位套

图 2-18　常用的定位套

② 半圆套。当工件尺寸较大或在整体式定位衬套内定位装卸不便时，如大型轴类和

曲轴等工件，可选用半圆孔定位装置。如图 2-19 所示，下半圆起定位作用，上半圆起夹紧作用，其中图 2-19(a)为可卸式；图 2-19(b)为铰链式，装卸工件更方便。由于上半圆可卸去或掀开，下半圆孔的最小直径应取工件定位基面的最大直径，不需留配合间隙，且工件定位基准的精度不低于 IT8～IT9。

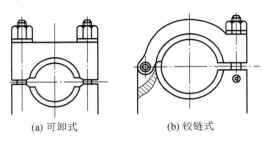

(a) 可卸式   (b) 铰链式

图 2-19 半圆套定位装置

除前面项目案例中给出的 V 形块定位、双 V 形块定位、一面两销定位等组合定位案例外，教程的附录 A 中给出了一些组合定位的实例，可供参考学习与分析。

2.3 专用铣床夹具的设计要点

铣床夹具主要用于在各种铣床上加工零件的平面、键槽、缺口以及成型表面，加工过程中，工件和夹具固定在工作台上，一起做进给运动。

根据铣削时的进给方式不同，通常将铣床夹具分为三类：直线进给式铣床夹具、圆周进给式铣床夹具以及靠模铣床夹具。其中直线进给式铣床夹具应用最广泛。

铣削加工是切削力较大的多刃断续切削，加工时易产生振动。因此铣床夹具必须具有良好的抗振性能，设计夹紧装置应保证足够的夹紧力，具有良好的自锁性能；夹具要有足够的刚度，必要时设置辅助夹紧机构；与其他机床夹具的安装不同，铣床夹具中通过定位键在机床上定位，用对刀装置决定铣刀相对于夹具的位置。

2.3.1 定位键

铣床夹具在铣床工作台上的定位方法，一般是在夹具底座下面的纵向槽中装两个定位键，用开槽圆柱头螺钉固定。通过定位键与铣床工作台上 T 形槽的配合，确定夹具在机床上的正确位置。定位键还可承受部分切削力矩，以减轻夹具体与铣床工作台连接用螺栓的负荷，增加夹具在加工过程中的稳定性。

常用定位键的断面为矩形，其结构尺寸已标准化(GB/T 8016—1999)，如图 2-20 所示，应按铣床工作台的 T 形槽尺寸选定，它和夹具底座以及工作台 T 形槽的配合为 H7/h6、H8/h8。两定位键的距离越远，导向精度越高。如图 2-21 所示为定位键的安装情况。

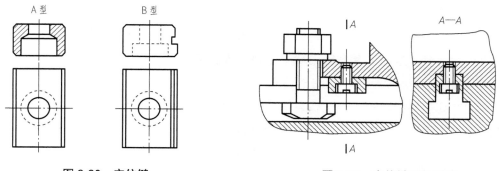

图 2-20　定位键　　　　　　　　图 2-21　定位键及其连接

2.3.2　对刀装置

铣床夹具在工作台上安装好了以后，还要调整铣刀对夹具的相对位置，以便于进行定距加工。为了使刀具与工件被加工表面的相对位置能迅速而正确地对准，在夹具上可采用对刀装置。

对刀装置由对刀块和塞尺组成，用来确定夹具和刀具间的相对位置。各种对刀块的结构，可根据工件的具体加工要求进行选择，如图 2-22 所示，其中，圆形对刀块(JB/T 8031.1—1999)，加工平面时使用，例如，本项目案例一铣拨叉 831007 上表面夹具中，使用圆形对刀块来调整铣刀的高度。方形对刀块(JB/T 8031.2—1999)，用来调整组合铣刀的位置。直角对刀块(JB/T 8031.3—1999)，用于加工两相互垂直面或铣槽时的对刀，例如，本项目案例二铣拨叉 831002 槽平面夹具中，采用直角对刀块来进行铣槽刀具的对刀。侧装对刀块(JB/T 8031.4—1999)，亦可用于加工两相互垂直面或铣槽时的对刀，只是与直角对刀块的安装方式不同。这些标准对刀块的结构参数可从夹具手册中查找。

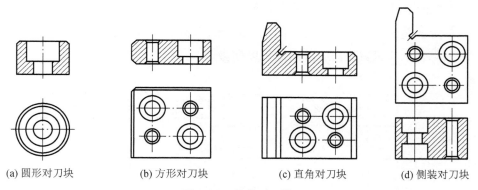

(a) 圆形对刀块　　　　(b) 方形对刀块　　　　(c) 直角对刀块　　　　(d) 侧装对刀块

图 2-22　标准对刀块

常用的塞尺有平塞尺和圆柱塞尺两种，都已标准化。对刀平塞尺(JB/T 8032.1—1999)的基本厚度为 1～5mm，对刀圆柱塞尺(JB/T 8032.2—1999)的基本尺寸为 $\phi 3mm$ 或 $\phi 5mm$，均按公差带 h8 制造。

对刀块常用销钉和螺钉紧固在夹具体上，对刀装置应设置在工件切入的一端，便于对刀，不妨碍工件装卸。对刀时，在刀具与对刀块之间用塞尺进行调整，避免刀具与对刀块直接接触而损坏刀刃或造成对刀块过早磨损，如图 2-23 所示。

铣床夹具上要标注对刀块工作表面到工件定位面间的尺寸，其值等于工件相应尺寸的平均值减去塞尺的厚度 S，公差值取工件相应尺寸公差值的 $1/3\sim1/5$。在夹具装配总图上应注明塞尺的尺寸。当加工精度要求较高或不便于设置对刀块时，也可采用试切法或用百分表找正定位元件相对于刀具的高度。

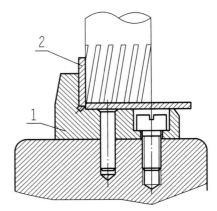

图 2-23　对刀装置对刀示意图

1—对刀块；2—对刀平塞尺

2.3.3　夹具体设计

在加工过程中，夹具体要承受工作重力、夹紧力、切削力、惯性力和振动力的作用，所以夹具体应具有足够的强度、刚度和抗振性，以保证工件的加工精度。

为提高铣床夹具在机床上安装的稳固性，减轻其断续切削可能引起的振动，夹具应尽可能降低重心，工件待加工表面尽可能靠近工作台，通常夹具体的高度和宽度之比 $H/B\leqslant1\sim1.25$。铸造夹具体的壁厚一般为 $15\sim30\text{mm}$；焊接夹具体的壁厚为 $8\sim15\text{mm}$。必要时可设置加强筋来提高夹具体的刚度。

夹具体还应合理地设置耳座，以便于与工作台连接。图 2-24 所示为常见的耳座结构，其设计尺寸可查阅《机床夹具设计手册》等相关设计资料。如果夹具体的宽度尺寸较大，可在同一侧设置两个耳座，两耳座之间的距离应和铣床工作台两 T 形槽之间的距离相一致。

夹具体上的装配表面，一般应铸出 $3\sim5\text{mm}$ 高的凸面，以减少加工面积。对重型铣床夹具，在夹具体上应设置吊装孔或吊环等以便搬运。

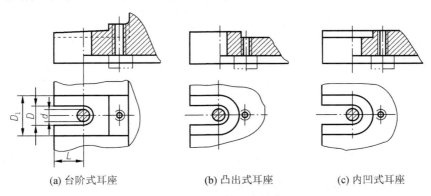

(a) 台阶式耳座　　(b) 凸出式耳座　　(c) 内凹式耳座

图 2-24　常见的耳座结构

2.4 专用铣床夹具设计案例

被加工零件 CA6140 车床拨叉(831008)如图 2-25 所示，要求设计精铣上表面时的专用夹具。在前面学习的基础上，对照铣拨叉 831007 上表面夹具模型的案例，可以进行仿照设计。

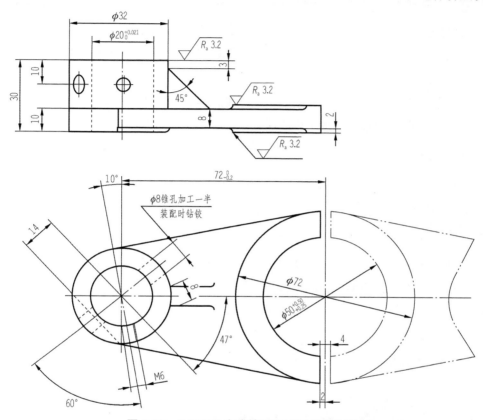

图 2-25 CA6140 车床拨叉(831008)零件图

1. 工艺分析

根据工艺规程，精铣零件上表面，保证高度尺寸至设计要求 30mm，$R_a \leqslant 3.2$，两个拨叉毛坯做成合件。

2. 定位方案

(1) 限制自由度分析。铣上表面，对工序尺寸有影响的自由度是 $\vec{z}$、$\hat{x}$、$\hat{y}$，因此从理论上来讲只需要限制 $\vec{z}$、$\hat{x}$、$\hat{y}$ 这三个第一种自由度。但考虑到铣床加工时要限制铣刀的行程，要把被加工工件控制在一定区域内，同时考虑到方便装夹，可采用本项目案例一的双 V 形块定位方案，将三个理论上可不限制的第二种自由度 $\hat{x}$、$\vec{y}$、$\hat{z}$ 一并限制。

(2) 选择定位方案。采用零件毛坯的下表面为定位基面，限制三个自由度；一端圆柱

31

采用"固定 V 形块"定位，限制两个移动自由度；另一端圆柱用"活动 V 形块"止转，限制一个转动自由度。夹具共限制六个自由度，属于完全定位。

为了提高加工的生产率，可以考虑一次装夹两个工件，同时进行加工。

3. 夹紧方案

夹紧方式如前所述：采用螺旋夹紧方式，通过压紧螺钉的旋合，推动活动 V 形块直线运动，实现夹紧。夹紧力的作用点落在定位元件的支承范围内。

为了保证夹紧的可靠性，活动 V 形块应设置导板机构，以防在夹紧力的作用下，活动 V 形块左右歪斜或向上翘起，影响装夹质量。

在中批量生产中，为了方便操作，可安装操作手柄手动调整压紧螺钉。在大批生产中，可采用机动夹紧方式提高加工生产率。

4. 对刀方案

平面铣削只需一个方向对刀，故采用圆形对刀块进行对刀，并以夹具限位平面到对刀块工作表面的距离作为对刀尺寸。

5. 夹具体方案

夹具若采用手动方案，无其他装置，则夹具体结构比较简单紧凑。为保证夹具在工件台上安装稳定，在夹具两端设置耳座，以便固定。

由于工件只加工平面，两个移动自由度 $\vec{y}$、$\vec{x}$ 可以不限制，因此铣床夹具体底面通常应该设置的定位键在本套夹具设计中可以不用考虑。

根据上述方案思考，设计的夹具结构如图 2-26 所示。

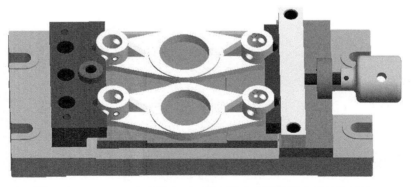

图 2-26　CA6140 车床拨叉(831008)铣上表面专用夹具结构设计

在手动夹紧的基础上，增加液压推力机构，即可完成自动夹紧的专用铣床夹具设计。如图 2-27 所示为 CA6140 车床拨叉(831007)铣上表面的专用夹具，采用 QGBⅡ脚架型气缸通过杠杆推动楔形压块夹紧工件。在前面夹具定位、夹紧原理分析和设计的基础上，此专用夹具的工作原理就不难理解了。

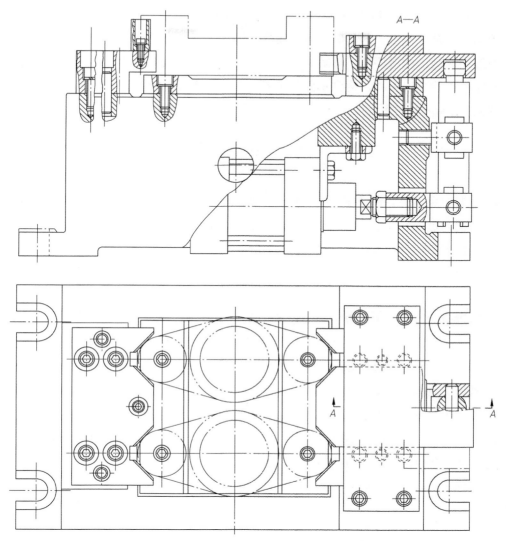

图 2-27　CA6140 车床拨叉(831007)铣上表面专用夹具

项 目 寄 语

　　拼装夹具模型主要是通过实体清晰地表达出定位与夹紧的形式，其元件的设计与精度只需要保证夹具模型的可视性。专用夹具用于工件实际生产，其精度、刚度上都有较高的要求，而且还要提高生产效率，考虑的因素较多，设计的结构也要复杂得多。

　　一样的加工可能有不一样的夹具结构，不同的结构好像可以达到一样的目的，但这只是结构设计的初级阶段。一样的加工可以有不一样的夹具结构，这就是方案！方案设计非常灵活，不同的方案，其目的和结果不一样。除了设计原则，还要考虑加工时的批量、适用、精度、简便、安全、成本等，当然还可以包括美观、养眼、艺术等，这是设计的追求，也是我们追求的设计的高级阶段。

结构设计是机械设计的基础，万丈高楼平地起，机械产品从零件结构开始设计。结构设计要遵循原则、把握要点、理解内涵，这是前人经验和教训的总结；结构设计要勤于思考，开拓思维，学习提高，达到不同的境界，直到创新。世界那么大，无穷的结构值得我们去探索、去钻研、去痴迷，做一个专业的工匠，同时也可以成为一个艺术家。

思考与练习

1. 何谓六点定位？何谓完全定位和不完全定位？举例说明。

2. 何谓欠定位、过定位？生产中这两种现象是否都不允许存在？举例说明。

3. 工件常用的定位表面有哪些？相应的定位元件有哪些类型？

4. 何谓"一面两销"定位？分析其所限制的自由度，说明菱形销的安装方向有何要求。

5. 对附录 A.1.8 钻连杆体小端油孔夹具的自由度进行分析。为何要采用菱形销？其方向如何确定？若要用定位轴替换菱形销，该夹具的定位方案应如何调整？并对调整后的方案重新进行定位自由度的分析。

6. 铣床夹具的对刀装置起什么作用？有哪几类？

7. 铣床夹具如何安装在机床上？安装时要注意哪些问题？

8. 选择附录 A 夹具拼装项目实例中的相关实例，进行铣床夹具拼装，进一步理解夹具的定位自由度和铣床夹具的结构分析。

9. 读懂图 2-27，分析 CA6140 车床拨叉(831007)铣上表面专用夹具的工作原理和工作过程。

项目 3 拼装钻夹具

【学习目标】

◆ 掌握钻夹具模型的拼装方法。
◆ 掌握夹具设计的定位精度分析。
◆ 理解钻夹具的结构设计要点。
◆ 熟悉专用钻床夹具的设计。

3.1 项目案例

本项目以连杆零件两道钻削工序的钻夹具为例，介绍钻夹具模型的拼装。

3.1.1 钻夹具拼装动画

3.1.1 连杆钻扩铰小头 ϕ25 孔夹具

连杆主样件如图 0-2(a)所示，毛坯采用连杆与连杆盖合件铸造。

1. 工艺要求

连杆小头 ϕ25 通孔为了保证与轴瓦的配合，要求尺寸公差等级为 IT6 级，圆度、圆柱度小于 0.012mm，锥度小于 0.014mm，内孔轴线不平行值为在 100mm 长度内其值小于 0.03mm。

2. 夹具拼装方案思考

定位方案：以连杆底面为定位基准，平面限制三个自由度；用"固定 V 形块"定位小孔外表面，限制两个自由度；活动"挡块"定位大端平面，限制一个自由度。夹具共限制六个自由度，属于完全定位。

夹紧方案：采用螺旋夹紧方式。通过压紧螺钉的旋合，推动挡块的直线运动，达到夹紧工件的效果。

导向方案：采用快换钻套实现刀具的导向，保证钻扩铰的生产率和孔位置的精确性。

3. 选择元件

根据夹具工作方案，选择连杆钻扩铰小头 ϕ25 孔夹具所使用的元件，如表 3-1 所示。各元件在拼装中的位置可参考连杆钻扩铰小头 ϕ25 孔夹具模型爆炸图，如图 3-1 所示。

表 3-1 连杆钻扩铰小头 ϕ25 孔夹具元件明细表

序 号	编 号	名 称	数 量	备 注
1	PZ01	长方形基础板	1	
2	PZ04	夹紧侧板	1	
3	GZ12	压紧螺钉	1	

序　号	编　号	名　　称	数量	备　注
4	PZ09	挡块	1	
5	GZ08	定位衬套	1	
6	GZ04	快换钻套	2	
7	BZ05	M8 钻套用螺钉	1	JB/T 8045.5—1995
8	PZ05	钻模板	1	
9	PZ02	侧板 1	1	
10	BZ03	M6×25 内六角圆柱头螺钉	6	GB/T 70.1—2000
11	PZ16	T 形槽用螺母 1	5	
12	BZ01	ϕ6×25 销	2	GB/T 119—2000
13	GZ01	固定 V 形块	1	
14		被加工零件连杆毛坯	1	

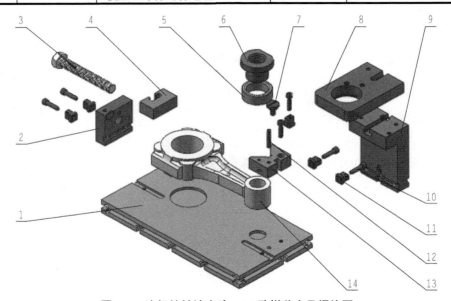

图 3-1　连杆钻扩铰小头 ϕ25 孔拼装夹具爆炸图

1—长方形基础板；2—夹紧侧板；3—压紧螺钉；4—挡块；5—定位衬套；6—快换钻套；
7—M8 钻套用螺钉；8—钻模板；9—侧板 1；10—M6×25 内六角圆柱头螺钉；
11—T 形槽用螺母 1；12—ϕ6×25 销；13—固定 V 形块；14—被加工零件连杆毛坯

4. 拼装操作及调整

在选好元件的基础上，可按照下列顺序完成夹具模型的搭建，并进行调整。

(1) 将长方形基础板平放在工作台上。

(2) 用一个内六角圆柱头螺钉和一个销将固定 V 形块安装到长方形基础板上。

(3) 用 T 形槽用螺母和内六角圆柱头螺钉将夹紧侧板安装在长方形基础板的侧面。

(4) 将压紧螺钉装在夹紧侧板上，将挡块卡在压紧螺钉前端的凹槽中。

(5) 用 T 形槽用螺母和内六角圆柱头螺钉将侧板 1 安装到长方形基础板上。

(6) 用 T 形槽用螺母和内六角圆柱头螺钉将钻模板安装到侧板 1 上。

(7) 将定位衬套、快换钻套、M8 钻套用螺钉安装到钻模板上。

(8) 调整侧板 1 与长方形基础板、钻模板与侧板 1 的相对位置，以保证加工孔位置的准确。调整好各元件位置后，固定联接件。

完成的连杆钻扩铰小头孔拼装夹具模型如图 3-2 所示。

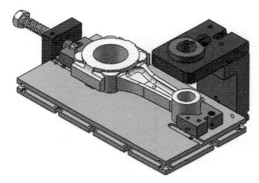

图 3-2　连杆钻扩铰小头孔拼装夹具

3.1.2　钻连杆体小头端 $\phi6$ 油孔夹具

1. 工艺要求

该夹具用来加工连杆体小头端的 $\phi6$mm 油孔。该工序加工前，已通过铣断工序将连杆与连杆盖两零件分开。

3.1.2　钻夹具拼装
动画

2. 夹具拼装方案思考

定位方案：侧板 1 前表面和圆形定位盘端面构成大平面限制三个自由度，大头剖切面以长方形基础板限制两个自由度，菱形销限制一个自由度。夹具共限制了六个自由度，属于完全定位。

夹紧方案：小头孔处使用开口垫片和六角法兰面螺母夹紧。

导向方案：通过可换钻套实现刀具的导向，保证孔位的精确。

3. 选择元件

根据夹具工作方案选择钻连杆体小头端油孔夹具所使用的元件如表 3-2 所示。各元件在拼装中的位置可参考钻连杆体小头端油孔夹具模型爆炸图，如图 3-3 所示。

表 3-2　钻连杆体小头端油孔拼装夹具零件明细表

序　号	编　号	名　称	数　量	备　注
1	PZ01	长方形基础板	1	
2	BZ06	六角法兰面螺母 M6	1	GB/T 6177.1—2000
3	GZ06	开口垫片	1	
4	GZ11	菱形销	1	
5	PZ07	钻模板(夹紧压板 1)	1	
6	BZ05	M5 钻套用螺钉	1	JB/T 8045.5—1995
7	GZ03	可换钻套	1	
8	BZ03	M6×25 内六角圆柱头螺钉	6	GB/T 70.1—2000
9	PZ18	T 形槽用螺母 3	1	
10	BZ02	六角头螺栓	1	GB/T 5782—2000
11	PZ11	圆形定位盘	1	
12	PZ02	侧板 1	1	
13	PZ03	侧板 2	1	
14		被加工零件连杆毛坯	1	
15	PZ16	T 形槽用螺母 1	6	

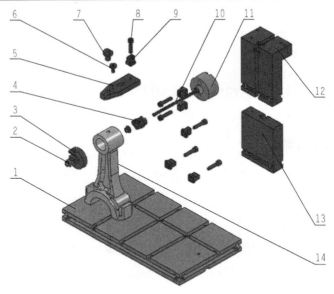

图 3-3　钻连杆体小头端油孔拼装夹具爆炸图

1—长方形基础板；2—六角法兰面螺母 M6；3—开口垫片；4—菱形销；5—钻模板(夹紧压板 1)；
6—M5 钻套用螺钉；7—可换钻套；8—M6×25 内六角圆柱头螺钉；9—T 形槽用螺母 3；
10—六角头螺栓；11—圆形定位盘；12—侧板 1；13—侧板 2；14—被加工零件连杆毛坯

4．拼装操作及调整

在选好元件的基础上，可按照下列顺序完成夹具模型的搭建，并进行调整。

(1) 将长方形基础板放在工作台上。

(2) 用 T 形槽用螺母 1 和内六角圆柱头螺钉将侧板 2 安装在长方形基础板上。

(3) 用 T 形槽用螺母 1 和内六角圆柱头螺钉将侧板 1 安装到侧板 2 上。

(4) 用 T 形槽用螺母 1 和内六角圆柱头螺钉将六角头螺栓、圆形定位盘和菱形销安装到侧板 1 上。

(5) 通过 T 形槽用螺母 3 和内六角圆柱头螺钉将钻模板(夹紧压板 1)安装到侧板 1 上。

(6) 将可换钻套和 M5 钻套用螺钉安装在钻模板上。

(7) 调整侧板 2 与长方形基础板、侧板 1 与钻模板的相对位置，保证孔位置的准确性。调整好各元件位置后，固定联接件。

(8) 安装被加工零件后，用开口垫片、六角法兰面螺母夹紧零件。

完成的钻连杆体小头端油孔拼装夹具如图 3-4 所示。

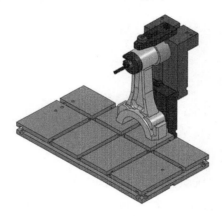

图 3-4　钻连杆体小头端油孔拼装夹具

3.2　夹具设计精度分析

在生产过程中，机床夹具的设计和制造优劣直接影响着工件加工的精度、生产率和制造成本。机床夹具的精度分析是其设计的关键，决定着该夹具的设计方案是否可行。为了保证夹具设计的正确及合理性，首先要在设计图样上对夹具的精度进行分析。用夹具装夹被加工零件进行加工时，其工序误差可用误差不等式(3-1)来表示。

$$\Delta_D + \Delta_A + \Delta_T + \Delta_G \leqslant \delta_K \tag{3-1}$$

式中：　Δ_D——定位误差，mm；

Δ_A——安装误差，mm；

Δ_T——调整误差，mm；

Δ_G——加工方法误差，mm；

δ_K——被加工零件工序尺寸公差，mm。

上述各项误差中，与夹具直接有关的误差为 Δ_D、Δ_A、Δ_T 三项，可用计算法计算获得。由于各种误差均为独立的随机变量，可将各误差用概率法叠加，即

$$\sqrt{\Delta_D^2 + \Delta_A^2 + \Delta_T^2 + \Delta_G^2} \leqslant \delta_K \tag{3-2}$$

由于加工方法误差具有很大的偶然性，较难精确计算，通常在夹具精度分析时，取 $\frac{1}{3}\delta_K$ 作为估算范围，即

$$\sqrt{\Delta_D^2 + \Delta_A^2 + \Delta_T^2} \leqslant \frac{1}{3}\delta_K \tag{3-3}$$

3.2.1 定位误差分析与计算

六点定位原理解决了约束工件自由度的问题，即解决了工件在夹具中位置"定与不定"的问题。但是，由于一批工件逐个在夹具中定位时，各个工件所占据的位置不完全一致，即出现工件位置定得"准与不准"的问题。如果工件在夹具中所占据的位置不准确，加工后各工件的加工尺寸必然大小不一，形成误差。这种只与工件定位有关的误差称为定位误差(Δ_D)。

1. 定位误差产生的原因

定位误差产生的原因有两个：一是定位基准与工序基准两者间基准不重合，由此产生基准不重合误差(Δ_B)；二是定位基准与限位基准不重合，由此产生基准位移误差(Δ_Y)。

1) 基准不重合误差 Δ_B

图 3-5(a)所示为在工件上铣缺口的工序简图，加工尺寸为 A 和 B，工件以底面和 E 面定位。图 3-5(b)所示为加工示意图，C 是确定夹具与刀具相互位置的对刀尺寸，在一批工件的加工过程中，C 的大小是不变的。

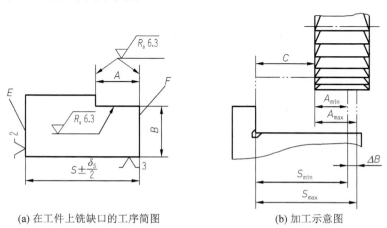

(a) 在工件上铣缺口的工序简图　　　(b) 加工示意图

图 3-5　采用平面定位加工示意图

加工尺寸 A 的定位基准是 E 面，而设计基准(工序基准)是 F 面，两者不重合。当一批工件逐个在夹具上定位时，受 $S \pm \delta_S$ 的影响，工序基准 F 的位置是变动的。F 的变动直接影响尺寸 A 的大小，造成 A 的尺寸误差，该误差就是基准不重合误差 Δ_B。显然，Δ_B 的大小等于定位基准 E 面相对于工序基准 F 面不重合而造成的最大尺寸变动范围。由图 3-5(b) 可知

$$\Delta_B = A_{\max} - A_{\min} = S_{\max} - S_{\min} = \delta_S$$

式中：S 是定位基准 E 与工序基准 F 之间的距离尺寸，称为定位尺寸。

由此可知，当工序基准的变动方向与加工尺寸的方向相同时，基准不重合误差 Δ_B 等于定位尺寸的公差，即

$$\Delta_B = \delta_S$$

当工序基准的变动方向与加工尺寸的方向不一致时，即存在一夹角 α，则基准不重合误差等于定位尺寸的公差在加工尺寸方向上的投影，即

$$\Delta_B = \delta_S \cos \alpha \tag{3-4}$$

当基准不重合误差是由多个尺寸影响而产生时，应将其在工序尺寸方向上合成，其一般计算式为

$$\Delta_B = \sum_{i=1}^{n} \delta_i \cos \beta \tag{3-5}$$

式中：δ_i——定位基准与工序基准间的尺寸链组成环的公差；

β——δ_i 方向与加工尺寸方向间的夹角。

图 3-5 (a)中尺寸 B 的定位基准和工序基准都是底面，即基准重合，因此 $\Delta_B = 0$。

2) 基准位移误差 Δ_Y

由定位副的制造误差或定位副配合间隙所导致的定位基准在加工尺寸方向上最大位置变动量，称为基准位移误差。不同的定位方式，基准位移误差的计算方式各不相同。

(1) 工件以平面定位：工件以平面为定位基准时，若平面为粗糙表面，则计算其定位误差没有意义；若平面为已加工表面，则其与定位基准面的配合较好，误差很小，可以忽略不计。即工件以平面定位时，$\Delta_Y = 0$。

(2) 工件以外圆表面(V 形块)定位：工件以外圆柱面在 V 形块上定位时，其定位基准为工件外圆柱面的轴心线，定位基面为外圆柱面。若不计 V 形块的制造误差，而只考虑工件基准面的形状和尺寸误差时，工件的定位基准会在对称面上产生偏移，如图 3-6 所示，即在 Z 向的基准位移量可由下式计算：

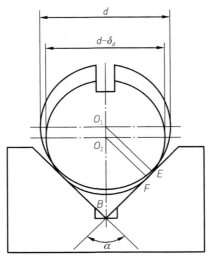

图 3-6　外圆表面用 V 形块定位示意图

$$\Delta_Y = O_1O_2 = \frac{\delta_d}{2\sin\frac{\alpha}{2}}$$

(3-6)

式中：δ_d——工件定位基面的直径公差，mm；

　　　α——V 形块的夹角。

(3) 工件以内圆表面(销、心轴)定位：工件以圆孔在圆柱销、圆柱心轴上定位，其定位基准为孔的中心线，定位基面为内孔表面。如图 3-7 所示，设工件的圆孔为 $D + \delta_D$，定位件的轴径尺寸为 $d + \delta_d$。由于定位副配合间隙的影响，会使工件上圆孔中心线(定位基准)的位置发生偏移，其中心偏移量在加工尺寸方向上的投影即为基准位移误差 Δ_Y。定位基准偏移的方向有两种可能：一是可以在任意方向上偏移；二是只能在某一方向上偏移。

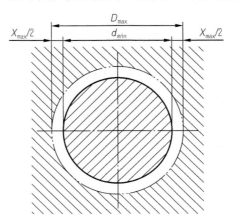

图 3-7　X_{max} 对工件尺寸公差的影响

当定位基准在任意方向上偏移时，其最大偏移量即为定位副直径方向的最大间隙 $X_{\max}$，即

$$\Delta_Y = X_{\max} = D_{\max} - d_{\min} = \delta_D + \delta_d + X_{\min} \tag{3-7}$$

式中：$X_{\max}$ ——定位副最大配合间隙，mm；

$\qquad D_{\max}$ ——工件定位孔最大直径，mm；

$\qquad d_{\min}$ ——圆柱销或心轴的最小直径，mm；

$\qquad X_{\min}$ ——定位所需最小间隙(设计时确定)，mm。

当基准偏移为单方向时，在其移动方向的最大位移量为半径方向的最大间隙，即

$$\Delta_Y = \frac{1}{2} X_{\max} = \frac{1}{2}(D_{\max} - d_{\min}) = \frac{1}{2}(\delta_D + \delta_d + X_{\min}) \tag{3-8}$$

若基准偏移的方向与工件加工尺寸的方向不一致时，应将基准的偏移量向加工尺寸方向投影，投影后的值才是该加工尺寸的基准位移误差。此外，当工件用圆柱心轴定位时，定位副的配合间隙还会使工件孔的轴线发生歪斜，从而影响工件的位置精度。

2. 定位误差的计算

由于定位误差 Δ_D 是由基准不重合误差和基准位移误差组合而成的，因此要计算定位误差，首先应该分别算出 Δ_B 和 Δ_Y，然后将两者组合而得 Δ_D。组合时可有如下几种情况。

(1) $\Delta_Y \neq 0$，$\Delta_B = 0$ 时 $\qquad\qquad\qquad \Delta_D = \Delta_B \tag{3-9}$

(2) $\Delta_Y = 0$，$\Delta_B \neq 0$ 时 $\qquad\qquad\qquad \Delta_D = \Delta_Y \tag{3-10}$

(3) $\Delta_Y \neq 0$，$\Delta_B \neq 0$ 时

如果工序基准不在定位基面上 $\qquad\qquad \Delta_D = \Delta_B + \Delta_Y \tag{3-11}$

如果工序基准在定位基面上 $\qquad\qquad\quad \Delta_D = \Delta_B \pm \Delta_Y \tag{3-12}$

"+" "−"的判别方法为：①设定位基准是理想状态，当定位基面上的尺寸由最大实体尺寸变为最小实体尺寸 (或由小变大)时，判断工序基准相对于定位基准的变动方向；②设工序基准是理想状态，当定位基面上的尺寸由最大实体尺寸变为最小实体尺寸 (或由小变大)时，判断定位基准相对其规定位置的变动方向；③若两者变动方向相同即取"+"，两者变动方向相反即取"−"。

如图 3-6 所示是在外圆表面铣键槽，键槽的深度设计可以有三种方式要求：以圆柱中心 O 标注、以下母线标注和以上母线标注。这三种不同的标注，在以外圆柱表面定位时，直接影响了其定位误差，同时为保证设计要求，也对加工精度提出了高低不同的要求。

1) 以圆柱轴线 O 为基准标注槽深

设计基准是圆柱轴线 O，工件以外圆柱表面作为定位基面，实质上体现了定位基准也是轴线 O，因此基准重合，$\Delta_B = 0$。由前面介绍可知

$$\Delta_Y = O_1 O_2 = \frac{\delta_d}{2 \sin \dfrac{\alpha}{2}}$$

所以

$$\Delta_D = \Delta_Y = \frac{\delta_d}{2 \sin \dfrac{\alpha}{2}}$$

2) 以圆柱下母线为基准标注槽深

设计基准是圆柱下母线，以外圆柱表面作为定位基面，实质体现的定位基准则是轴线 O，基准不重合。已知定位尺寸 $S = \left(\dfrac{d}{2}\right)_{-\frac{\delta_d}{2}}^{0}$，且此时的工序基准的变动方向与加工尺寸的方向一致，所以 $\Delta_B = \delta_S = \dfrac{\delta_d}{2}$。而基准的位移误差 Δ_Y 如前所述，仍然存在。

当定位基准面直径由大变小、定位基准不动时，工序基准朝上变动。而当定位基准面直径由大变小、工序基准不动时，定位基准朝下变动。两者的变动方向相反，取"−"，所以

$$\Delta_D = \Delta_Y - \Delta_B = \frac{\delta_d}{2\sin\dfrac{\alpha}{2}} - \frac{\delta_d}{2}$$

3) 以圆柱上母线为基准标注槽深

同理 2) $\Delta_B = \dfrac{\delta_d}{2}$；$\Delta_Y = \dfrac{\delta_d}{2\sin\dfrac{\alpha}{2}}$。

此时，工序基准在定位基面上，当定位基面直径由大变小时，定位基准朝下变动；当定位基面直径由大变小、定位基准不动时，工序基准也朝下变动。两者的变动方向相同，取"+"，所以

$$\Delta_D = \Delta_Y + \Delta_B = \frac{\delta_d}{2\sin\dfrac{\alpha}{2}} + \frac{\delta_d}{2}$$

结论：①定位误差 Δ_D 随工件误差的增大而增大；②定位误差 Δ_D 与 V 形块夹角 α 有关，V 形块夹角 α 越大 Δ_D 越小，但 α 太大会使定位稳定性变差，故一般取 $\alpha = 90°$；③定位误差 Δ_D 与工序尺寸标注方式有关。

3.2.2 夹具在机床上的安装误差

1. 车床夹具的安装误差

心轴和车床夹具在机床上的安装误差 Δ_A 可按如下方法进行确定。

(1) 对于心轴，夹具的安装误差就是心轴的工作表面轴线相对顶尖孔或者相对心轴锥柄轴线的同轴度。规定这个同轴度公差后，就可以控制心轴安装基面(顶尖孔或锥柄)本身的制造误差和它与心轴的工作表面间相互位置的安装误差。

(2) 车床专用夹具一般使用过渡盘和主轴联接。如图 3-8(a)所示，夹具的定位面 Y 对过渡盘安装基面 E 的同轴度将直接影响加工面的同轴度，此即夹具安装误差。

如图 3-8(b)所示，当定位元件工作面与夹具体回转轴线有位置尺寸要求时，夹具上的

尺寸 H 的公差值即为安装误差。

专用夹具中，定位面 Y 对止口 B 的同轴度允差，C 面对 A 面的平行度允差，皆是与安装误差相关的要素。

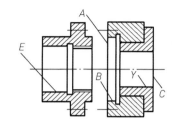 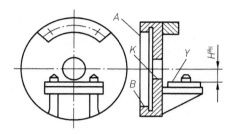

(a) 夹具定位面对过渡盘安装基面的同轴度　(b) 夹具定位元件工作面与夹具体回转轴线的位置公差

图 3-8　车床夹具与安装误差相关的技术要求

2. 铣床夹具的安装误差

铣床夹具依靠夹具体底面安装在机床工作台平面上，通过定向键侧面与工作台 T 形槽侧面的配合，来保证夹具相对机床(工作台和导轨)具有正确的位置关系，一般采用 T 形螺栓将夹具连接紧固在工作台表面。铣床夹具安装过程的相对位置不准确，所造成的加工尺寸误差，即夹具安装误差。如图 3-9 所示，X 方向加工尺寸的误差 $\varDelta_A$ 值可由夹具安装时的偏斜角、定位元件对夹具定向键侧面的相互位置误差和加工长度等有关参数计算。

夹具安装时的偏斜角为

$$\beta = \arctan \frac{\varepsilon_{\max}}{L} \tag{3-13}$$

3. 钻床夹具的安装误差

用钻模板加工孔时，被加工零件孔的位置尺寸精度取决于钻套对定位元件的位置精度，此时夹具安装误差 $\varDelta_A$ 的大小，只考虑定位元件与夹具安装基面的相互位置误差对加工尺寸的影响。如图 3-10 所示，由于夹具定位面 Y 对安装基面 B 不平行造成夹具在 Z 方向的线性误差为 $\varDelta_z$，此时夹具的倾斜角为

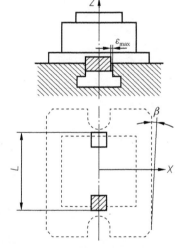

图 3-9　铣床夹具的安装误差

$$\beta = \arctan \frac{\varDelta_z}{L} \tag{3-14}$$

通过角度误差 β 可换算加工尺寸的误差。

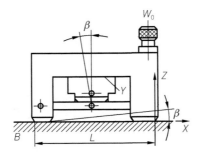

图 3-10　钻床夹具的安装误差

各种夹具在机床上的安装误差 Δ_A，在设计夹具时经常通过提出适当的技术要求加以限制。

3.2.3　对刀或导向误差

夹具在机床上安装后，需要调整刀具相对夹具上定位元件的位置。如果夹具上的对刀或导向装置对定位元件的位置不正确，将会导致加工表面的位置发生变化，由此而造成的加工尺寸的误差即为对刀或导向误差 Δ_T。

(1) 使用铣床夹具加工时，采用标准塞尺和对刀块进行对刀，其对刀误差为

$$\Delta_T = \delta_s + \delta_h \tag{3-15}$$

式中：δ_s——塞尺的制造公差，mm；

　　　δ_h——对刀块工作面至定位元件的相对位置尺寸公差，mm。

(2) 在钻模上加工孔时，采用如图 3-11 所示的导向装置，引导孔的轴线位置误差受下列因素的影响。

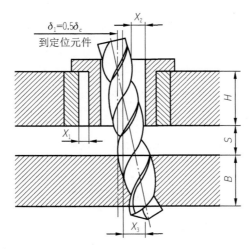

图 3-11　钻床夹具与导向装置有关的加工误差

① 钻模板底孔至定位元件的尺寸公差 δ_1。

② 快换钻套内外圆的同轴度公差 e_1。

③ 衬套内外圆的同轴度公差 e_2。

④ 快换钻套和衬套的最大配合间隙 X_1。

⑤ 刀具(引导部)与钻套的最大配合间隙 X_2。

刀具在钻套中的偏斜量 X_3，其值为

$$X_3 = \frac{X_2}{H}\left(B + S + \frac{H}{2}\right) \tag{3-16}$$

因各项误差不可能同时出现最大值或最小值，故对于这些随机性误差按概率法进行综合计算，最终得出导向误差 Δ_T：

$$\Delta_T = \sqrt{\delta_1^2 + e_1^2 + e_2^2 + X_1^2 + (2X_3)^2} \tag{3-17}$$

当加工短孔时，以 X_2 值替代 X_3 值。

3.3 钻夹具的结构设计要点

在钻床上进行孔的钻、扩、铰、锪、攻螺纹加工所用的夹具称为钻床夹具，也称钻模。钻模的主要作用是保证被加工孔的位置精度，孔的尺寸精度由刀具精度保证。

3.3.1 钻模的结构形式及选用

1. 钻模的主要类型

(1) 固定式钻模：固定式钻模的特点是在加工中钻模固定不动，用于在立式钻床上加工单孔或在摇壁钻床上加工位于同一方向上的平行孔系。固定式钻模结构简单，制造方便，定位精度高，但有时装卸工件不方便。

(2) 回转式钻模：钻套一般固定不动，钻模上采用回转式分度装置，可以在工件上加工出若干个绕轴线分布的轴向或径向孔系。

(3) 翻转式钻模：在加工中，翻转式钻模一般需要手动翻转，所以夹具和工件的总重量不能太重，一般不超过 100N 为宜。这种钻模主要用于加工小型工件分布在不同表面上的孔。这样既可以减少安装次数，又能提高各被加工孔间的位置精度，但加工的批量不宜过大。

(4) 盖板式钻模：盖板式钻模无夹具体，其定位元件和夹紧装置直接安装在钻模板上。它的主要特点是钻模在工件上定位，夹具结构简单、轻便，易清除切屑。盖板式钻模适合加工体积大而笨重的工件上的小孔。对于中小批量的生产，凡需钻、铰后立即进行倒角、锪孔、攻螺纹等工序时，采用盖板式钻模也极为方便。但是，盖板式钻模每次需从工件上装卸，比较费时，故钻模的重量一般不宜超过 100N。

此外还有移动式钻模、滑柱式钻模等。

2. 钻模类型的选择

在设计钻模时，首先需要根据工件的形状、尺寸、重量和加工要求，并考虑生产批量、工厂工艺装备的技术状况等具体条件来选择夹具的结构类型。在选择时应注意以下几点。

(1) 加工孔径大于 10mm 的中小型工件时，由于钻削扭矩大，宜采用固定式钻模。

(2) 翻转式和自由移动式钻模，适用于加工中小件，包括工件在内的总质量不宜超过 10kg，否则应采用具有回转式或直线分度装置的钻模。

(3) 当加工几个不在同心圆周上的平行孔系时，宜采用固定式钻模在摇臂钻床上加工。

(4) 对于孔的垂直度和孔距精度要求不高的中小型工件，宜优先采用滑柱钻模，以缩短夹具的设计制造周期。

(5) 当被加工孔与定位基准的孔距公差小于 0.05mm 时，应采用固定式钻模进行加工。

(6) 在大型工件上加工位于同一平面上的孔时，为简化夹具结构，可采用盖板式钻模。

3.3.2 钻套类型与设计

钻套是钻床夹具特有的导向元件。钻套安装在钻模板或夹具体上，用来引导刀具加工，提高加工过程中工艺系统的刚性并防振，并确定工件上加工孔的位置，保证工件的加工质量。钻套的结构、尺寸已标准化，按其结构和使用特点可分为以下四种类型，如图 3-12、图 3-13 所示。

1. 固定钻套

固定钻套(JB/T 8045.1—1999)分为 A 型、B 型(带肩的和不带肩的)两种形式。钻套外圆以 H7/r6 或 H7/n6 的过盈配合压入钻模板或夹具体的孔内。固定钻套结构简单，钻孔的位置精度高，主要用于中小批生产的钻模。

2. 可换钻套

可换钻套(JB/T 8045.2—1999)与衬套(JB/T 8045.4—1999)之间采用 F7/m6 或 F7/k6 的配合，衬套外圆与钻模板底孔采用 H7/n6 的过盈配合。为了防止工作时钻套随刀具转动或被切屑顶出，常用钻套螺钉(JB/T 8045.5—1999)固紧。

可换钻套用于大批量生产中，由于钻套外圆与衬套内孔采用间隙配合，其加工精度不如固定式钻套。

3. 快换钻套

快换钻套(JB/T 8045.3—1999)更换迅速，只要将钻套逆时针转动一下，即可从钻模板中取出。它与衬套采用 F7/m6 或 F7/k6 的配合，适用于在一道工序中采用多种刀具(如钻、扩、铰或攻丝)依次连续加工的情况。

4. 特种钻套

当工件的结构、形状或被加工孔位置特殊，上述标准钻套不能满足使用要求时，应视具体情况设计各种形式的特种钻套。

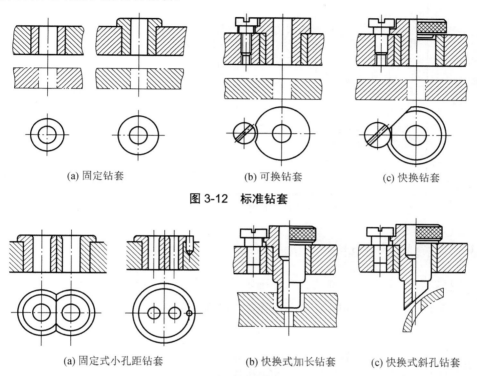

(a) 固定钻套　　　　　(b) 可换钻套　　　　　(c) 快换钻套

图 3-12　标准钻套

(a) 固定式小孔距钻套　　　(b) 快换式加长钻套　　　(c) 快换式斜孔钻套

图 3-13　特种钻套

钻套设计主要是指钻套内径的基本尺寸和公差的确定，钻套引导部分长度 H、钻套底部至加工孔顶面的空隙值 s 的确定及钻套材料和热处理的选择等，其设计可参阅相关夹具设计资料。不同类型的钻套的配合种类及公差等级如表 3-3 所示。

表 3-3　钻套的公差与配合

钻套名称	加工方法及配合部位	配合种类及公差等级	备　注
衬套	外径与钻模板	$\dfrac{H7}{r6}$，$\dfrac{H7}{n6}$，$\dfrac{H6}{n5}$	
	内径	H6，H7	
固定钻套	外径与钻模板	$\dfrac{H7}{r6}$，$\dfrac{H7}{n6}$	
	内径	G7，F8	※

续表

钻套名称	加工方法及配合部位			配合种类及公差等级	备 注
可换钻套及快换钻套	钻孔及扩孔	外径与衬套		$\dfrac{H7}{g6}$， $\dfrac{H7}{f7}$	
		钻孔及扩孔	刀具切削部分导向	$\dfrac{F7}{h6}$， $\dfrac{G7}{h6}$	※
			刀柄或刀杆导向	$\dfrac{H7}{f7}$， $\dfrac{H7}{g6}$	
	粗铰孔	外径与衬套		$\dfrac{H7}{g6}$， $\dfrac{H7}{h6}$	
		内径		$\dfrac{G7}{h6}$， $\dfrac{H7}{h6}$	※
	精铰孔	外径与衬套		$\dfrac{H6}{g5}$， $\dfrac{H6}{h5}$	
		内径		$\dfrac{G6}{h5}$， $\dfrac{H6}{h5}$	※

注：备注项标记※表示基本尺寸为刀具的最大尺寸。

3.3.3 钻模板的设计

钻模板在钻模上用于安装钻套，并确定不同孔钻套之间的相对位置。钻模板按其与夹具体的连接方式不同可分为固定式、铰链式和可卸式等形式，如图 3-14 所示。

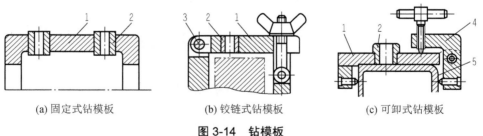

(a) 固定式钻模板　　　　　(b) 铰链式钻模板　　　　　(c) 可卸式钻模板

图 3-14　钻模板

1—钻模板；2—钻套；3—销轴；4—压板；5—工件

(1) 固定式钻模板：钻模板与夹具体做成一体，或将钻模板固定在钻模体上。工件被加工孔的位置精度高，但对某些工件的装卸不方便。

(2) 铰链式钻模板：钻模板用铰链装在夹具体上，可以绕铰链轴翻转。其精度不如固定式钻模板，但装卸工件方便。

(3) 可卸式钻模板：钻模板与夹具体分开成为独立部分，工件每装卸一次，钻模板也要装卸一次。可卸式钻模板装卸费时，一般用于其他类型钻模板不便于装夹工件时。

此外还有悬挂式钻模板，钻模板通过导柱、弹簧与多轴传动头连接，悬挂在机床主轴上，随机床主轴往复运动。

3.4　专用钻床夹具设计案例

被加工零件 CA6140 车床拨叉(831006)如图 3-15 所示，零件材料为 HT200，生产类型为大批量生产，要求设计一套钻 $\phi25_0^{+0.023}$ 孔的专用钻床夹具。该零件位于车床变速机构中，主要起换挡的作用，使主轴回转运动按照操作者的要求，获得所需的速度和扭矩。毛坯采用一坯两件，完成 $\phi55$ 孔加工后可切断为两个零件继续加工。

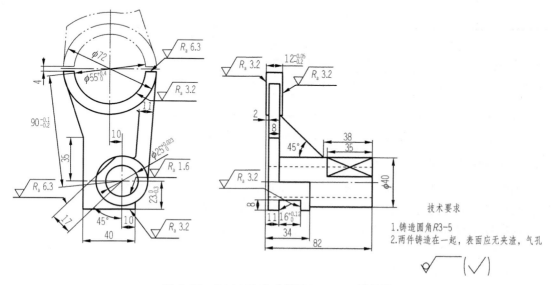

图 3-15　CA6140 车床拨叉(831006)零件图

1. 工艺分析

根据工艺规程，这是用于 Z5125A 立式钻床的一套专用夹具，选用通用标准刀具。$\phi25_0^{+0.023}$ 孔尺寸精度要求为 H7、表面粗糙度 $R_a1.6$，通过钻、扩、粗铰、精铰可满足其精度。所以设计时要在满足精度的前提下提高劳动生产效率，降低劳动强度。

2. 确定夹具类型

由于加工工件质量不重、轮廓尺寸不是很大，因此采用固定式钻模，可满足大批量生产要求。

3. 确定定位方案和选择定位元件

(1) 定位方案：根据工序要求钻、扩、粗铰、精铰 $\phi25$H7 通孔，为了保证工件 $\phi25_0^{+0.023}$ 和 $90_{-0.2}^{-0.1}$ (大、小孔间距离)等工序尺寸要求，应该限制工件的 $\vec{x}$、$\vec{y}$、$\hat{x}$、$\hat{y}$、$\hat{z}$ 五个自由度，但考虑到钻削过程中轴向力较大，为保证定位方便可靠，在 Z 向加一个支承，限制工件六个自由度，采用完全定位。根据零件结构特点，遵循基准重合、基准统一原则，采用 $\phi40$ 的外圆面、下端面和叉口外侧面作为定位基准。

(2) 选择定位元件：选择固定长 V 形块作为 $\phi40$ 的外圆面定位元件，限制工件 $\vec{x}$、$\vec{y}$、$\hat{x}$、$\hat{y}$ 四个自由度；选择支承板作为底面定位元件，限制工件 $\vec{z}$ 自由度；选择挡销作为侧面定位元件限制工件 $\hat{z}$ 自由度。

4. 夹紧方案

根据生产类型,此夹具的夹紧机构不宜复杂,采用手动螺旋快速夹紧机构夹紧。

5. 导向装置方案

为适应钻、扩、铰的要求,应选用快换钻套及与之相适应的衬套、配用螺钉,它们的主要尺寸如表 3-4 所示。

表 3-4　快换钻套及衬套尺寸

名　称	内径 d/mm	外径 D/mm
快换钻套	$\phi 25^{+0.041}_{+0.020}$ (F7)	$\phi 35^{+0.025}_{+0.009}$ (m6)
衬套	$\phi 35^{+0.050}_{+0.025}$ (F7)	$\phi 48^{+0.033}_{+0.017}$ (n6)
钻套螺钉	M8	

钻孔端面至加工面间的距离一般取 $(0.3\sim1)d$ (d 为钻头直径),取 15mm。

6. 其他装置方案

为便于夹具的制造和维修,钻模板与夹具体的连接采用固定装配式。夹具体采用铸件,结构设计时应考虑使加工、观察、清理切屑都比较方便。

根据以上设计方案,本道工序的夹具机构方案如图 3-16 所示。

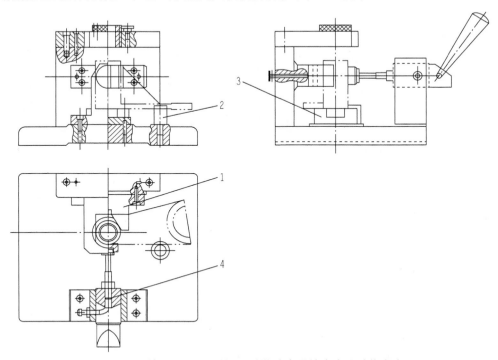

图 3-16　拨叉(831006)钻 $\phi 25^{+0.023}_{0}$ 孔专用钻床夹具结构方案

1—V 形块;2—挡销;3—支承板;4—手动螺旋快速夹紧机构

项 目 寄 语

合理的夹具结构方案设计十分重要，好的结构便于精度的保证，但结构设计并不能替代精度设计。夹具设计中的精度设计是保证被加工零件精度的重要步骤。

夹具多为单件生产，在夹具制造过程中，常采用装配中的修配法，通过配作来进行夹具的加工和调整，可进一步减少夹具设计及加工中产生的误差对被加工零件精度的影响，对提高夹具制造精度是一种重要的手段及途径。如在夹具生产过程中，钻套中心轴线对夹具体底面垂直度具有一定要求，为满足该要求，在实际生产过程中，可在夹具前期装配的基础上，对钻模板上的钻套底孔实施精加工，通过配作，以设备刀具与工作台的垂直精度来保证夹具的加工与装配精度。在夹具实际生产过程中，利用该方法能够使装配零件所积累的尺寸误差以及形状误差得到有效减少，使夹具自身的制造精度得到保证，进而大大提高机械产品的质量。

保证精度是贯彻设计、制造、装配、调整和加工整个过程的工作，差之毫厘，谬以千里。细致、专心是机械人的基本素质之一，重视细节是工作过程中一项常态化的要求。

思考与练习

1. 简述钻模的结构组成及各组成部分的作用。

2. 简述钻套的基本结构类型及应用。

3. 钻模结构类型有哪些？分析各种钻模结构的特点及应用。

4. 何谓定位误差？定位误差产生的原因是什么？

5. 分析、比较图 3-16 所示夹具与附录 A.3.4 钻扩铰 ϕ25 孔夹具的区别，并提出修改意见。

6. 对图 3-16 所示夹具进行定位误差分析，在讨论的基础上提出保证夹具设计精度的技术要求。

项目 4　拼装镗夹具

【学习目标】

◆ 掌握镗夹具模型的拼装方法。
◆ 掌握夹具工程图绘图步骤。
◆ 理解镗夹具的结构设计要点。
◆ 熟悉专用镗夹具的设计。

4.1　项目案例：镗拨叉(831007) φ55 孔夹具

本项目以拨叉(831007)零件镗 φ55 孔工序的镗夹具为例，介绍镗夹具模型的拼装。

831007 拨叉主样件如图 0-2(d)所示。

4.1　镗夹具拼装动画

1. 工艺要求

该夹具用于镗拨叉(831007)零件的 φ55 孔，工件毛坯为一坯两件。

2. 夹具拼装方案思考

定位方案：夹具采用一面两销的定位方式。以两个已加工的 φ25 孔端面，与圆形定位盘接触构成一平面，限制三个自由度；一个孔中采用圆柱销定位，限制两个自由度；另一孔中采用菱形销定位，限制一个自由度。夹具共限制了六个自由度，属于完全定位。

夹紧方案：采用螺旋夹紧。使用开口垫片和六角法兰面螺母实现快速装夹。

导向方案：通过固定钻(镗)套实现刀具的导向。

3. 选择元件

根据夹具工作方案可选择镗拨叉(831007) φ55 孔夹具所使用的元件，明细如表 4-1 所示。各元件在拼装中的位置可参考镗拨叉(831007) φ55 孔夹具模型爆炸图，如图 4-1 所示。

表 4-1　拨叉(831007) φ55 孔拼装夹具零件明细表

序　号	编　号	名　称	数　量	备　注
1	PZ17	T 形槽用螺母 2	1	
2	PZ06	钻镗模板	1	
3	GZ07	固定钻(镗)套	1	
4	GZ09	开口垫片	2	
5	BZ05	六角法兰面螺母	4	GB/T 6177.1—2000
6	BZ02	六角头螺栓	2	GB/T 5782—2000

序　号	编　号	名　称	数　量	备　注
7	GZ11	菱形销	1	
8	PZ11	圆形定位盘	2	
9	PZ02	侧板 1	1	
10	PZ03	侧板 2	1	
11	BZ03	内六角圆柱头螺钉	8	GB/T 70.1—2000
12	PZ16	T 形槽用螺母 1	8	
13	GZ10	圆柱销	1	
14		被加工零件拨叉(831007)毛坯	1	
15	PZ01	长方形基础板	1	

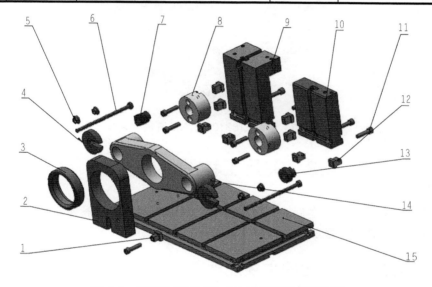

图 4-1　镗拨叉(831007) Φ55 孔拼装夹具爆炸图

1—T 形槽用螺母 2；2—钻镗模板；3—固定钻(镗)套；4—开口垫片；5—六角法兰面螺母；
6—六角头螺栓；7—菱形销；8—圆形定位盘；9—侧板 1；10—侧板 2；11—内六角圆柱头螺钉；
12—T 形槽用螺母 1；13—圆柱销；14—被加工零件拨叉(831007)毛坯；15—长方形基础板

4. 拼装操作及调整

在选好元件的基础上，可按照下列顺序完成夹具模型的搭建，并进行调整。

(1) 将长方形基础板放在工作台上。

(2) 用内六角圆柱头螺钉和 T 形槽用螺母 1 将侧板 1 安装到长方形基础板上。

(3) 用内六角圆柱头螺钉和 T 形槽用螺母 1 将侧板 2 安装到长方形基础板上。

(4) 用内六角圆柱头螺钉和 T 形槽用螺母 1 将圆形定位盘分别安装到侧板 1、侧板 2 上。

(5) 用六角头螺栓、六角法兰面螺母将菱形销、圆柱销分别安装到两个圆形定位盘上。

(6) 用内六角圆柱头螺钉和 T 形槽用螺母 2 将钻镗模板安装到长方形基础板另一侧。

(7) 将固定钻(镗)模套安装到钻镗模板上。

(8) 调整圆形定位盘与侧板 1、侧板 2 之间的相对位置，调整钻镗模板与长方形基础板的相对位置，保证镗孔加工位置的准确性。调整好各元件位置后，固定联接件。

(9) 安装被加工零件后，用开口垫片、六角法兰面螺母夹紧零件。

完成的拨叉(831007) ϕ55 孔拼装夹具如图 4-2 所示。

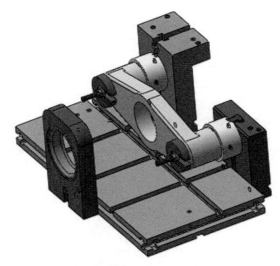

图 4-2　镗拨叉(831007) ϕ55 孔拼装夹具

4.2　夹具工程图绘制步骤

当夹具的结构方案确定之后，就可以绘制夹具总装图了。一般先绘制夹具总装草图，经审定后再绘制总装图。最后拆画夹具非标零件图。

4.2.1　绘制夹具总装图的主要注意点

绘制夹具总装图时，除应遵循机械制图的规定外，还要注意夹具设计的一些规范。

(1) 绘制夹具总装图时，尽可能采用 1∶1 的比例，以便图形有良好的直观性。若因被加工零件尺寸大，而导致夹具总体尺寸过大时，夹具总装图可按 1∶2 或更小的比例绘制；若被加工零件尺寸过小，夹具总装图也可按 2∶1 或更大的比例绘制。

(2) 绘制夹具总装图时，被加工零件的轮廓线应采用双点画线表示，在夹具总装图中被加工零件被看作透明体，它不影响夹具上任何零件的投影。被加工零件在夹具总装图中只需表示出其轮廓及主要表面(如定位面、夹紧面、被加工表面等)。被加工零件在本道工序需加工表面的加工余量用粗实线或网纹线表示。

(3) 夹具总装图视图的数量应以能完整、清晰地表达出整个夹具内、外部结构为原则，其布置应符合国家制图标准。夹具总装图的主视图一般为操作者在加工时所面对的方向，以便于夹具装配及使用时的直观性和可参考性。

(4) 被加工零件在夹具总装图中应处于被夹紧状态。

(5) 在零件安装夹紧过程中，对位置可能变化且移动变化范围较大的零件，如夹紧手柄或其他移动或转动元件，必要时以双点画线局部地表示出其极限位置，以便检查是否会与其他元件、部件、机床或刀具发生干涉。

(6) 对于铣夹具，应将刀具与刀杆用双点画线局部表示出，以检查运行时，刀具、刀杆与夹具是否发生干涉。

4.2.2　绘制夹具总装图的步骤

(1) 用双点画线绘出被加工零件轮廓外形和主要表面(含定位面)必需的几个视图。

(2) 布置定位元件。

(3) 布置导向、对刀元件。

(4) 设计夹紧装置。

(5) 设计夹具体。

(6) 画出并填写明细表和标题栏，完成夹具总装图。

4.2.3　夹具总装图上的技术标注

1. 夹具总装图上应标注的尺寸和相互位置关系

夹具总装图上应标注的尺寸和相互位置关系有如下五类。

(1) 夹具外形的最大轮廓尺寸。这类尺寸表示夹具在机床上所占空间尺寸大小和可能的活动范围，以便校核所设计夹具是否会和机床、刀具等发生干涉，如图 4-3 中的尺寸 A。

(2) 定位副本身的精度和定位副之间的联系尺寸及精度。主要标注工件定位基准与定位元件间的配合尺寸，如定位销工作部分的尺寸及公差，一面两销定位时两销中心距及公差，圆柱销轴线与定位平面的垂直度要求等，如图 4-3 中的尺寸 B。

(3) 对刀元件或导向元件与定位元件之间的联系尺寸。如对刀块的对刀面至定位元件之间的尺寸，塞尺的尺寸；钻套中心至定位元件之间的尺寸，钻套导向孔的尺寸及精度，钻套导向孔的中心距及公差，对刀元件或导向元件与定位元件的位置精度，此时一般应以定位元件工作面为基准，但有时为了使夹具的工艺基准统一，也可取夹具的基面为基准，如钻套导向孔中心对夹具体底面的垂直度等，如图 4-3 中的尺寸 C。

(4) 夹具体与机床的连接面与定位元件工件表面之间的联系尺寸。如铣夹具的定向键与铣床 T 形槽的配合尺寸，车床夹具安装基面(止口)的尺寸，角铁式车床夹具中心至定位元件工作面的尺寸等，夹具体与机床的连接面与定位元件的位置精度。

(5) 其他配合尺寸。主要标注夹具内部元件之间的配合尺寸，如定位销与夹具体的配合尺寸及公差；可换或快换钻套与衬套、钻套导向孔等之间的配合尺寸及公差，这类尺寸可按一般的机械零件设计，或按有关资料的推荐数据选取，如图 4-3 中的尺寸 E。

2. 尺寸公差的确定

为满足加工精度要求，夹具本身应有较高的精度。由于目前分析计算方法不够完善，因此夹具的有关公差仍按经验来确定。当生产批量较大时，考虑夹具的磨损，应取较小值；当工件本身精度较高时，为使夹具制造不十分困难，可取较大值。

尺寸公差的确定一般可按以下原则选取。

(1) 夹具上的尺寸和角度公差取$(1/5 \sim 1/2)\delta_k$。

(2) 夹具上的位置公差取$(1/3 \sim 1/2)\delta_k$。

(3) 当工件上相应的公差为自由公差时，夹具上有关尺寸公差常取±0.1mm 或±0.05mm，角度公差(包括位置公差)常取±10′ 或±5′。

(4) 未标注形位公差的加工面，按 GB/T 11—1984 中 13 级精度的规定选取。

其中，δ_k 为被加工零件相应允许公差值。

注意，夹具有关公差均应在被加工零件公差带的中间位置，即不管被加工零件偏差对称与否，都要将其化成双向对称偏差，然后取其值的 1/5～1/2，以确定夹具上有关的基本尺寸和公差。

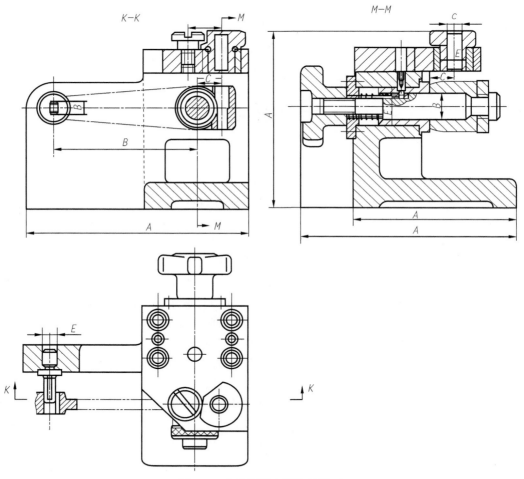

图 4-3　夹具总图应标注的尺寸

4.2.4　夹具公差与配合的选择

夹具公差与配合选用时应符合有关国家标准，常用的配合种类与公差等级如表 4-2 所示。具体的配合确定，有标准规定的可直接选用，没有规定的可按表 4-2 选用。

表 4-2　夹具常用配合种类和公差等级

配合件的工作形式		精度要求					示　例
		一般精度			较高精度		
定位元件与被加工零件定位基面间配合		$\dfrac{H7}{h6}$，$\dfrac{H7}{g6}$，$\dfrac{H7}{f7}$			$\dfrac{H6}{h5}$，$\dfrac{H6}{g5}$，$\dfrac{H6}{f5}$		定位销与被加工零件定位基准孔的配合
有导向作用，并有相对运动的元件间配合		$\dfrac{H7}{h6}$，$\dfrac{H7}{g6}$，$\dfrac{H7}{f7}$			$\dfrac{H6}{h5}$，$\dfrac{H6}{g5}$，$\dfrac{H6}{f5}$		移动定位元件、刀具与导套间的配合
		$\dfrac{H7}{h6}$，$\dfrac{G7}{h6}$，$\dfrac{F8}{h6}$			$\dfrac{H6}{h5}$，$\dfrac{G6}{h5}$，$\dfrac{F7}{h5}$		
无导向作用但有相对运动的元件间的配合		$\dfrac{H8}{f9}$，$\dfrac{H8}{d9}$			$\dfrac{H8}{f8}$		移动夹具底座与滑座的配合
没有相对运动的元件间的配合	无紧固件	$\dfrac{H7}{n6}$，$\dfrac{H7}{r6}$，$\dfrac{H7}{s7}$					固定支承钉、定位销
	有紧固件	$\dfrac{H7}{m6}$，$\dfrac{H7}{k6}$，$\dfrac{H7}{js7}$					

注：表中配合种类和公差等级仅供参考，根据夹具的实际结构和功能要求，也可选用其他的配合种类和公差等级。

4.2.5　夹具装配图上其他技术要求的制定

在夹具总图上除了上述标注外，还应对相关位置精度提出相应要求，几种常见情况的技术要求如表 4-3 所示。此外，如有特殊说明的装配要求以及材料热处理、表面处理要求等，也要作为技术要求提出。

表 4-3　夹具技术要求举例

夹具简图	技术要求	夹具简图	技术要求
	1. A 面对 Z(锥面或顶尖孔中心线)的垂直度公差…… 2. B 面对 Z(锥面或顶尖孔中心线)的同轴度公差……		1. 检验棒 A 对 L 面的平行度公差…… 2. 检验棒 A 对 D 面的平行度公差……
	1. A 面对 L 面的平行度公差…… 2. B 面对止口面 N 的同轴度公差…… 3. B 面对 C 面的同轴度公差…… 4. B 面对 A 面的垂直度公差……		1. A 面对 L 面的平行度公差…… 2. B 面对 D 面的平行度公差……
			1. B 面对 L 面的平行度公差…… 2. B 面对 A 面的垂直度公差…… 3. G 面对 L 面的垂直度公差…… 4. G 轴线对 B 轴线的垂直度公差……

续表

夹具简图	技术要求	夹具简图	技术要求
	1. *B* 面对 *L* 面的垂直度公差…… 2. *K* 面(找正孔)对止口面 *N* 的同轴度公差……		1. *A* 面对 *L* 面的平行度公差…… 2. *G* 面对 *A* 面的平行度公差…… 3. *G* 面对 *D* 面的平行度公差…… 4. *B* 面对 *D* 面的垂直度公差……

4.2.6　绘制夹具零件图

夹具中的非标准零件要分别绘制零件图。绘制夹具零件图样时，除应符合制图标准外，其尺寸、位置精度应与夹具总装图上的相应要求相对应。同时还应考虑为保证总装精度而作必要的说明，如指明在装配时需补充加工等有关说明，零件的结构、尺寸应尽可能标准化、规格化，以减少品种规格。

4.3　镗夹具的结构设计要点

镗床夹具也称镗模，主要用于加工箱体、支座等零件上的孔或孔系。工件上孔和孔系的位置精度主要由镗模保证，镗模的制造精度比钻模要高得多。在镗床夹具上，通常布置镗套以引导镗杆进行镗孔。按镗套的布置方式不同，镗模可分为单支承、双支承及无支承三种。

4.3.1　镗套的结构选择

镗孔的位置精度可不受机床精度的影响(镗杆和机床主轴采用浮动联接)，而主要取决于镗套的位置精度和结构的合理性。同时镗套结构对于被镗孔的形状精度、尺寸精度以及表面粗糙度都有影响。

常用的镗套结构有固定式和回转式两种。设计时可根据工件的不同加工要求和加工条件合理选择采用。

1. 固定式镗套

固定式镗套(JB/T 8046.1—1999)固定在镗模支架上，不能随镗杆一起转动。如图 4-4 所示是标准结构的固定式镗套，它的结构形式和钻模中的可换或快换钻套结构相似，但结构尺寸较大，A 型不带油杯和油槽，镗杆上开油槽；B 型则带油杯和油槽，使镗杆和镗套之间能充分润滑。固定式镗套外形尺寸小，结构紧凑，制造简单，容易保证镗套中心的位置精度，但由于镗杆与镗套之间有相对运动，易于磨损，只适用于低速加工。一般线速度 $v \leqslant 0.3\mathrm{m/s}$ ，固定式镗套的导向长度 $L = (1.5 \sim 2)d$ 。

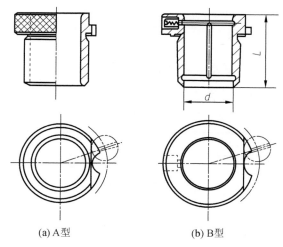

(a) A型　　　　　　　(b) B型

图 4-4　固定式镗套

2. 回转式镗套

回转式镗套在镗孔过程中随镗杆一起转动，改善了镗杆磨损情况，适用于镗杆在较高速度条件下工作。由于镗杆在镗套内只做相对移动(转动部分采用轴承)，因而可避免因摩擦发热而产生"卡死"现象。按轴承不同，镗套可分为滑动镗套和滚动镗套。如图 4-5 所示是几种回转式镗套。

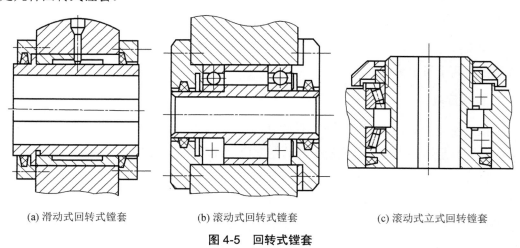

(a) 滑动式回转式镗套　　　　(b) 滚动式回转式镗套　　　　(c) 滚动式立式回转镗套

图 4-5　回转式镗套

4.3.2　底座的设计

镗模支架和底座多为铸铁件(一般为 HT200)，常分开制造，这样便于加工、装配和时效处理。

1. 镗模支架

镗模支架用于安装镗套并承受切削力，因此它必须有足够的刚度和稳定性，在结构上应考虑有较大的安装基面和设置必要的加强筋。其典型结构和尺寸如表 4-4 所示。

表 4-4　镗模支架典型结构和尺寸

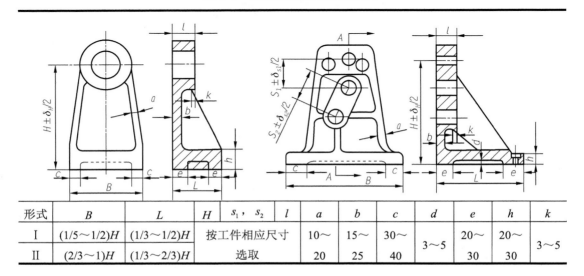

形式	B	L	H	s_1，s_2	l	a	b	c	d	e	h	k
Ⅰ	$(1/5\sim1/2)H$	$(1/3\sim1/2)H$	按工件相应尺寸选取		$10\sim$ 20	$15\sim$ 25	$30\sim$ 40	$3\sim5$	$20\sim$ 30	$20\sim$ 30	$3\sim5$
Ⅱ	$(2/3\sim1)H$	$(1/3\sim2/3)H$										

为了保持支架上镗套的位置精度，设计时不允许在支架上设置夹紧机构或承受夹紧反力。镗模支架与底座的连接，一般采用螺钉紧固的结构。在镗模装配时，调整好支架正确位置后要用两个对定销定位。

2. 镗模底座

镗模底座是安装镗模其他所有零件的基础件，并承受加工中的切削力和夹紧的反作用力，因此要有足够的强度、刚度及较好的精度稳定性。其典型结构和尺寸如表 4-5 所示。

镗模底座上应设置找正基面，以找正镗模在机床上的正确工作位置。找正基面与镗套轴线的平行度为 0.01/300mm。为减少加工面积和刮研劳动量，镗模底座上安装各零部件的结合面应做成高为 5mm 的凸台面。考虑镗模在装配和使用中搬运的方便，应在镗模底座上设置供装配用的吊环螺钉或起重螺栓的凸台面和螺孔。

表 4-5　镗模底座典型结构和尺寸

L	B	H		A	a	b	c	h
按工件大小定		(1/8～1/6)L		(1～1.5)H	10～26	20～30	5～8	20～30

4.3.3　镗杆的设计

镗杆是镗模中的一个重要部件。如图 4-6 所示为用于固定镗套的镗杆导向部分的结构。当导向直径 $d < 50\text{mm}$ 时，常采用整体式结构。图 4-6(a)为开油槽的镗杆，镗杆与镗套的接触面积大、磨损大，若切屑从油槽内进入镗套，则易出现"卡死"现象，但镗杆的刚度和强度较好；图 4-6(b)、图 4-6(c)为深直槽和螺旋槽的镗杆，这种结构可减少镗杆与镗套的接触面积，沟槽有存屑能力，可减少"卡死"现象，但镗杆刚度较低；图 4-6(d)为镶条式结构。镶条采用摩擦系数小和耐磨的材料，如铜或钢。镶条磨损后，可在底部加垫片，重新修磨。这种结构摩擦面积小，容屑量大，不易"卡死"。

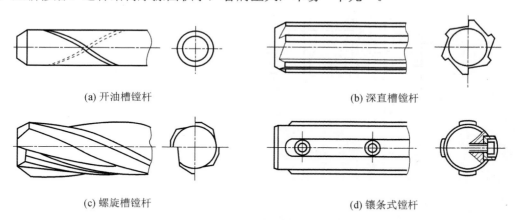

(a) 开油槽镗杆　　　　　　　　　　　　　　(b) 深直槽镗杆

(c) 螺旋槽镗杆　　　　　　　　　　　　　　(d) 镶条式镗杆

图 4-6　固定镗套镗杆的导向部分结构

如图 4-7 所示为回转镗套镗杆的导向部分结构。图 4-7(a)所示在镗杆前端设置平键，键下装有压缩弹簧，键的前部有斜面，适用于开有键槽的镗套。图 4-7(b)所示的镗杆开有键槽，其头部做成小于 45°的螺旋引导结构，可与装有尖头键的回转镗套配合使用。

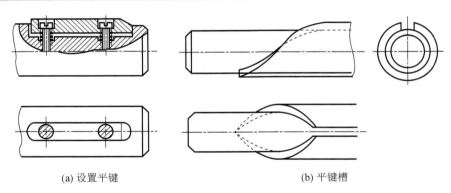

(a) 设置平键   (b) 平键槽

图 4-7　回转镗套镗杆的导向部分结构

当双支承镗模镗孔时，镗杆与机床主轴通过浮动接头(见图 4-8)实现浮动连接。

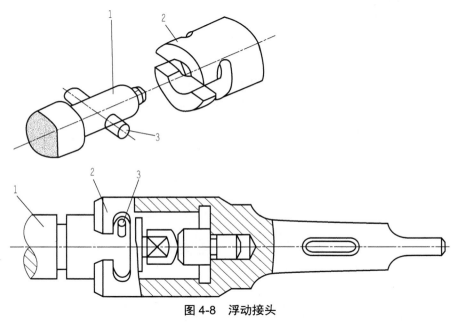

图 4-8　浮动接头

1—镗杆；2—接头体；3—拨动销

镗杆直径 d 及长度主要是根据所镗孔的直径 D 及刀具截面尺寸 $B×B$ 来确定，可参考表 4-6 选取。

表 4-6　镗孔直径 D、镗杆直径 d 与镗刀具截面 $B×B$ 的尺寸关系

D	30～40	40～50	50～70	70～90	90～100
d	20～30	30～40	40～50	50～65	65～90
$B×B$	8×8	10×10	12×12	16×16	16×16，20×20

表 4-6 中所列镗杆直径的范围，在加工小孔时取大值；在加工大孔时，一般取中间值；若导向良好，切削负荷小，则取小值；若导向不佳，切削负荷较大时，可取大值。

镗杆的轴向尺寸，应按照镗孔系统图上的有关尺寸确定。

4.4 专用镗床夹具设计案例

要求完成中批量生产，在一级圆柱齿轮减速器机座上，粗镗减速箱 $\phi100$ 、 $\phi80$ 两个轴承座孔的机床专用夹具设计。加工工序简图如图 4-9 所示。

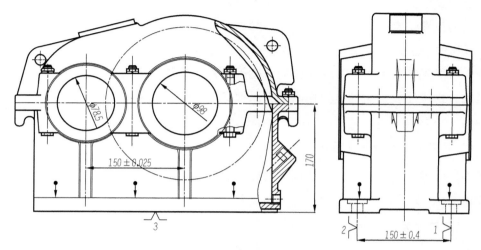

图 4-9 一级圆柱齿轮减速器粗镗 $\phi100$ 、 $\phi80$ 工序简图

1. 工艺分析

$\phi100_{0}^{+0.035}$ 、 $\phi80_{0}^{+0.030}$ 两孔是轴承座孔，加工后对成品加工的要求：两轴孔中心距(150±0.025)mm；同一轴前后两孔同轴度要求 $\phi0.025$mm；两轴轴心线之间的平行度要求 0.025mm；轴心线与侧面的垂直度要求为 0.1mm；孔自身形状精度要求分别为圆柱度 0.010mm 和 0.008mm，表面粗糙度分别为 $R_a2.5$ 和 $R_a1.6$ 。

本道工序是进行两孔的粗加工，考虑到效率和经济性，本道工序的尺寸精度按粗镗方法的经济精度要求为 IT13；形状精度为九级；两轴轴心线之间的平行度、中心距和同一轴线上前后两孔的同轴度由组合机床镗杆安装的精度，以及镗杆自身的刚度予以保证。考虑到本道工序是粗镗加工工序，提出镗杆的安装精度不宜超过孔的最终要求精度的一倍公差，即镗杆两中心距的要求是(150±0.05)mm；以及同一轴前后同轴度要求 $\phi0.05$mm；两轴心线之间的平行度要求是 0.05mm。所以，通过以上分析，可以对组合机床相关精度指标——镗杆的安装精度、镗杆自身的刚度等提出具体要求。

2. 确定定位方案和选择定位元件

本道工序之前，箱体底面和地脚螺栓孔都已经加工，本道工序采用"一面两销"定位方案，其中底面以两块支承板组合定位限制工件 $\hat{x}$ 、 $\hat{y}$ 、 $\hat{z}$ 三个自由度，刚性好、可靠度高。为保证两块支承板安装后处于同一平面，安装后对这两块支承板进行一次磨削加工。因为标准支承板的长度最长为220mm，长度不够会影响被加工零件的稳定性，所以采用非标自制支承板，配用 M10 (GB/T 70.1—2008)内六角沉头螺钉固定在夹具体上。对角两个栓孔其中一孔以一短圆柱销定位，限制工件 $\bar{x}$、$\bar{y}$ 两个自由度，另外一孔以菱形销定位，限制工件 $\bar{z}$ 一个自由度。工件六个自由度均被限制，属于完全定位。

3. 确定夹紧方案

本道工序的工艺方案中，夹紧位置处于箱体底座面的上表面，如此安排的优势在于：①夹紧点的位置不会干涉刀具的走刀；②箱体底座平面大，刚性好，不会引起太大的夹紧变形；③镗削加工是连续切削加工方式，不会引起太大的震动。

综合考虑生产效率、经济性和劳动强度等因素，本道工序的夹紧机构可采用手动螺旋压板机构。螺旋压板夹紧的主要作用是克服被加工零件在切削力作用下产生的移位和翻转倾覆。

4. 支架结构设计及镗套选用

本夹具中镗模支架采用前后双引导支架，保证轴承座孔的同轴度要求。镗套类型选用固定式镗套(A 型)。

5. 确定其他装置设计方案

镗夹具安装在专用的联动镗床工作台上，找正后用 T 形螺栓、螺母连接夹具体上的 U 形槽和机床工作台的 T 形槽实现固定。

夹具体设计时采用中间挖空，四边与工作台面接触的结构，与同样尺寸采用加强筋的结构相比较，刚度要高得多。

根据以上设计方案，本道工序的夹具总装图如图 4-10 所示。

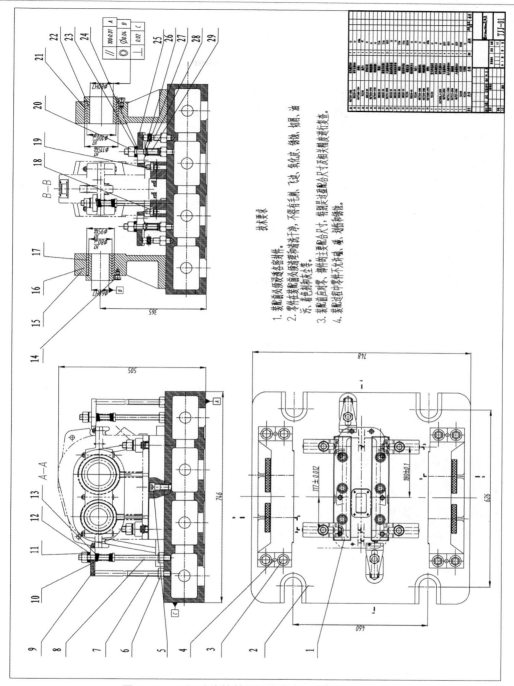

图 4-10　一级减速箱箱体粗镗两轴承孔夹具总装图

1—支承板；2—夹具体；3—六角螺栓；4—圆锥销；5—内六角螺钉；6—六角螺母 M18；
7—调节支承 M18；8—双头螺柱 M18；9—宽头移动压板；10—弹簧 1；11—球面垫圈 1；12—锥面垫圈 1；
13—垫片 1；14—镗套螺钉；15—镗模支架；16—镗套用衬套 1；17—镗套 1；18—圆柱定位销；
19—削边定位销；20—六角螺母 M20；21—镗套用衬套 2；22—镗套；23—球面垫圈 2；24—锥面垫圈 2；
25—移动压板；26—垫片 2；27—弹簧 2；28—调节支承 M20；29—双头螺柱 M20

项 目 寄 语

机械工程图是机械设计者的语言。在掌握机床夹具设计原则、步骤和方法的基础上，我们完成了机床夹具的设计，最终需将夹具的设计方案用夹具总图的方式呈现出来。机械图纸的绘制应该严格遵循国家制图标准，完整地表达夹具的工作原理、各装置之间的结构及其相互关系，以便于夹具的审核、制造、使用与交流。

规范是对机械设计工作者的基本要求。尺寸、公差的确定，技术要求的选择，方案最终的图纸表达，都不能只靠拍脑袋来完成。国家颁布的各类标准、出版社发行的各种设计手册、企业汇编的各种资料，都是设计中不可或缺的参考文献。学会寻找和查阅各种设计手册和相关资料，是提高设计水平必备的能力之一。在完成设计上交成果图纸和资料前问一下自己：我的数据是怎么来的？有设计依据吗？

养成翻设计手册的习惯，在这方面，作为机械人还是机械一点吧！

思考与练习

1. 绘制夹具装配图时应注意哪些事项？对照本项目 4.2.2 小节内容，分析图 4-10 夹具总装图的绘制过程。

2. 夹具总装图上应该标注哪些尺寸和位置公差？如何确定尺寸公差？

3. 镗套的结构类型有哪几种？各有什么特点？

4. 浮动接头结构主要由哪些部分组成？如何与机床主轴连接？

5. 图 4-11 所示为卧式金刚镗床镗连杆小头孔夹具。试分析该夹具的结构，指出其定位元件、夹紧元件、导向装置(镗套和镗模支架等)，简单说明其装卸工件的工作原理。

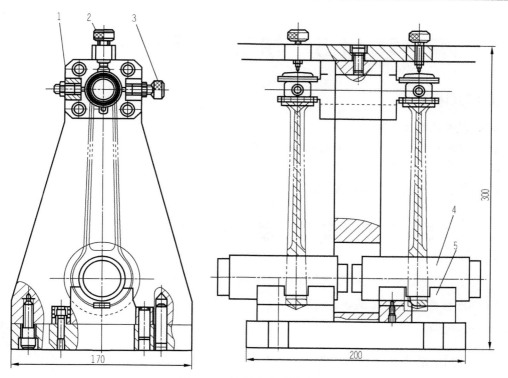

图 4-11　连杆小头孔镗夹具

1、2、3—螺钉；4—心轴；5—V 形块

项目 5　拼装铣断夹具

【学习目标】

◆　掌握铣断夹具的拼装方法。
◆　掌握专用夹具典型夹紧机构的原理与设计思路。
◆　学会夹紧力分析的思路。
◆　了解夹紧的动力源装置及其应用。

5.1　项目案例：拨叉 831006 铣断夹具

本项目以拨叉(831006)零件铣断工序的夹具为例，介绍铣断夹具模型的拼装。
831006 拨叉主样件如图 0-2(c)所示。

1. 工艺要求

拨叉 831006 在加工过程中是将两个拨叉毛坯做成合件。该夹
具用于将拨叉 831006 的双连合件铣断。

5.1　铣断夹具拼装动画

2. 夹具拼装方案思考

定位方案：夹具采用一面两销的定位方式。铣断垫板与拨叉底面接触，限制三个自由
度；铣断垫板凸台作为圆柱销，限制两个自由度；菱形销限制一个自由度。夹具共限制六
个自由度，属于完全定位。

夹紧方案：分别采用斜楔夹紧机构和偏心夹紧机构实现切断后两个零件的夹紧。

对刀方案：采用直角对刀块实现切断铣刀的对刀。

3. 选择元件

根据夹具拼装方案，选取表 5-1 中所列元件准备进行拨叉 831006 铣断拼装夹具的拼
装。各元件在拼装中的位置可参考拨叉 831006 铣断拼装夹具爆炸图，如图 5-1 所示。

表 5-1　拨叉 831006 铣断拼装夹具零件明细表

序　号	编　号	名　称	数　量	备　注
1	PZ17	T 形槽用螺母 2	2	
2	PZ19	定位板 1	1	
3	PZ15	手柄	1	
4	PZ13	偏心轮	1	
5	BZ01	定位销	2	GB/T 119—2000

续表

序　号	编　号	名　　称	数　量	备　注
6	PZ08	夹紧压板 2	1	
7	GZ05	直角对刀块	1	
8	BZ03	M6×25 内六角圆柱头螺钉	3	GB/T 70.1—2000
9		被加工拨叉 831006 毛坯	1	
10	GZ11	菱形销	1	
11	PZ11	圆形定位盘	1	
12	GZ12	压紧螺钉	1	
13	BZ01	顶销(定位销代用)	1	GB/T 119—2000
14	PZ07	夹紧压板 1	1	
15	PZ16	T 形槽用螺母 1	8	
16	PZ20	定位板 2	1	
17	PZ21	斜楔挡块	1	
18	PZ04	夹紧侧板	1	
19	PZ10	铣断垫板	1	
20	PZ01	长方形基础板	1	

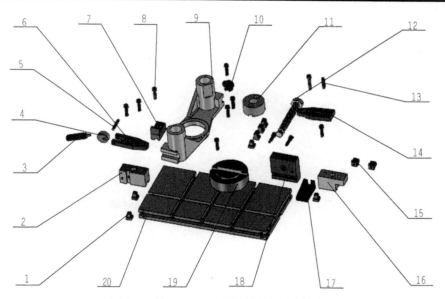

图 5-1　拨叉 831006 铣断拼装夹具爆炸图

1—T 形槽用螺母 2；2—定位板 1；3—手柄；4—偏心轮；5—定位销；6—夹紧压板 2；
7—直角对刀块；8—内六角圆柱头螺钉；9—被加工拨叉 831006 毛坯；10—菱形销；
11—圆形定位盘；12—压紧螺钉；13—顶销；14—夹紧压板 1；15—T 形槽用螺母 1；
16—定位板 2；17—斜楔挡块；18—夹紧侧板；19—铣断垫板；20—长方形基础板

4. 拼装操作及调整

(1) 将长方形基础板放在工作台上。

(2) 用内六角圆柱头螺钉和 T 形槽用螺母 1 将圆形定位盘和铣断垫板安装到长方形基础板上。

(3) 用内六角圆柱头螺钉和 T 形槽用螺母 1 将菱形销安装到圆形定位盘上。

(4) 用内六角圆柱头螺钉和 T 形槽用螺母 2 将定位块 1 和定位块 2 安装到长方形基础板上。

(5) 用内六角圆柱头螺钉和 T 形槽用螺母 1 将夹紧侧板安装到长方形基础板上。

(6) 将压紧螺钉安装到夹紧侧板上，并将斜楔挡块卡到压紧螺钉前端凹槽中。

(7) 用内六角圆柱头螺钉将夹紧压板 1 安装到定位块 2 上。

(8) 装顶销，一端与斜楔挡块重合，一端与夹紧压板 1 底面相切，实现斜楔夹紧。

(9) 用内六角圆柱头螺钉将夹紧压板 2 装到定位块 1 上，用定位销将偏心轮安装到夹紧压板 2 上，把手柄装到偏心轮上，实现偏心夹紧。

(10) 用内六角圆柱头螺钉和 T 形槽用螺母 1 将直角对刀块安装到长方形基础板上，实现刀具对刀。

调整好各元件相对位置后，固定联接件。

完成的拨叉 831006 铣断拼装夹具如图 5-2 所示。

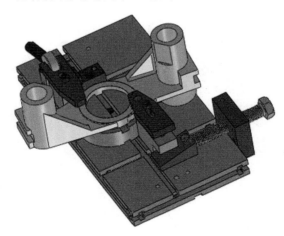

图 5-2　拨叉 831006 铣断拼装夹具

5.2　典型夹紧机构的结构设计

工件定位后，为保持正确的加工位置，防止工件在加工时受切削力、重力、惯性力等作用而发生位移或振动，一般机床夹具都应采用夹紧装置将工件夹牢。

5.2.1   夹紧装置的组成

夹紧装置分为手动夹紧和机动夹紧两类。根据结构特点和功用，典型夹紧装置由三个部分组成。

(1) 动力源装置：产生夹紧作用力的装置。常用机动夹紧的力源来自气动、液压、气液联动、电动、电磁和真空等动力夹紧装置。手动夹紧以人力为力源，没有力源装置。

(2) 传力机构：将源动力以一定的大小和方向传递给夹紧元件的机构，起自锁作用。

(3) 夹紧元件：直接与工件接触完成夹紧作用的最终执行元件。

如图 5-3 所示是液压夹紧的铣床夹具。其中，活塞杆(3)、液压缸(4)、活塞(5)组成了液压动力装置，铰链臂(2)和压板(1)等组成了铰链压板夹紧机构，压板(1)是夹紧元件。

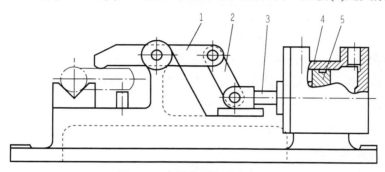

图 5-3   液压夹紧的铣床夹具

1—压板；2—铰链臂；3—活塞杆；4—液压缸；5—活塞

5.2.2   夹紧装置设计的基本要求

夹紧装置设计的好坏不仅关系到工件的加工质量，而且对提高生产效率、降低加工成本以及创造良好的工作条件等诸方面都有很大的影响，因此夹紧装置设计时应满足以下要求。

(1) 夹紧时不能破坏工件在夹具中占有的正确位置。

(2) 夹紧力要适当，既要保证工件在加工过程中不移动、不转动、不振动，又不因夹紧力过大而使工件表面损伤、变形。

(3) 夹紧机构的操作应安全、方便、迅速、省力。

(4) 结构应尽量简单，制造、维修要方便。

5.2.3   典型夹紧机构

常用的典型夹紧机构有斜楔夹紧机构、螺旋夹紧机构、偏心夹紧机构、联动夹紧机构及定心夹紧机构等。

1. 斜楔夹紧机构

自锁性夹紧机构大多利用斜面自锁夹紧的原理，斜楔是它们的原始形式。由于斜楔夹紧工件的夹紧力较小，且操作费时，所以在实际生产中应用不多，多数情况下是将斜楔与其他机构联合起来使用。螺旋—斜楔夹紧机构和圆偏心夹紧机构都是斜楔的变形，如图 5-4 所示为螺旋—斜楔夹紧机构。

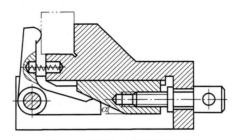

图 5-4　螺旋—斜楔夹紧机构

在本教材附录 A 夹具拼装项目实例中，A.2.6 拨叉(831002)的铣断夹具、A.4.6 拨叉(831007)的铣断夹具，均有简化的螺旋斜楔夹紧机构，由其可分析斜楔夹紧的原理。

图 5-5 所示为单一斜楔夹紧机构。其中斜面斜角 α 称为升角或楔角，原始力 F_Q 作用大头端移动距离 s(原始行程)后，将其楔紧在工件和夹具体之间，并对工件施加夹紧力 F_J，上升距离 h 称为夹紧行程。

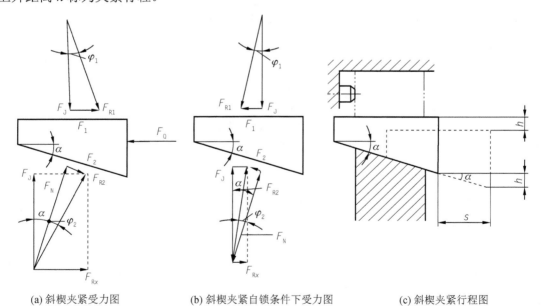

| (a) 斜楔夹紧受力图 | (b) 斜楔夹紧自锁条件下受力图 | (c) 斜楔夹紧行程图 |

图 5-5　斜楔受力分析图

1) 斜楔夹紧力的计算

如图 5-5(a)所示为斜楔夹紧受力图，分析受力情况，可知

$$F_1 + F_{Rx} = F_Q$$

$$F_1 = F_J \tan\varphi_1, \quad F_{Rx} = F_J \tan(\alpha + \varphi_2)$$

$$F_J = \frac{F_Q}{\tan\varphi_1 + \tan(\alpha + \varphi_2)}$$

式中：φ_1 ——斜楔与工件间的摩擦角，单位为°；

φ_2 ——斜楔与夹具体间的摩擦角，单位为°。

设 $\varphi_1 = \varphi_2 = \varphi$，当 α 很小时（$\alpha \leqslant 10°$），可用下式作近似计算

$$F_J = \frac{F_Q}{\tan(\alpha + 2\varphi)}$$

2) 斜楔自锁条件

图 5-5(b)所示为斜楔夹紧自锁条件下受力图，要自锁，必须满足下式

$$F_1 > F_{Rx}$$

$$F_1 = F_J \tan\varphi_1 \quad F_{Rx} = F_J \tan(\alpha - \varphi_2)$$

$$F_J \tan\varphi_1 > F_J \tan(\alpha - \varphi_2)$$

$$\tan\varphi_1 > \tan(\alpha - \varphi_2)$$

由于 φ_1、φ_2、α 都很小，$\tan\varphi_1 \approx \varphi_2$，$\tan(\alpha - \varphi_2) \approx \alpha - \varphi_2$，上式可化简为

$$\varphi_1 > \alpha - \varphi_2 \qquad 或 \qquad \alpha < \varphi_1 + \varphi_2$$

直接采用斜楔夹紧时，斜楔的自锁条件是：斜楔的升角小于斜楔与工件、斜楔与夹具体之间的摩擦角之和。

3) 夹紧行程

工件所要求的夹紧行程 h 与斜楔相应移动的距离 s 之比称为行程比 i_s。由图 5-5(c)可知

$$i_s = \frac{h}{s} = \tan\alpha$$

4) 斜楔夹紧机构的设计要点

(1) 确定斜楔的斜角 α。斜楔的升角是设计的重要参数：升角越小，扩力比越大，自锁性能越好，但夹紧行程越小。为保证自锁可靠，手动夹紧机构一般取 $\alpha = 6° \sim 8°$。用气压或液压装置驱动的斜楔不需要自锁，可取 $\alpha = 15° \sim 30°$。

(2) 计算作用力 F_Q。由斜楔夹紧力的公式可计算出作用力 F_Q，即

$$F_Q = F_W \tan(\alpha + 2\varphi)$$

5) 斜楔夹紧机构的特点

(1) 斜楔具有自锁性。

(2) 具有改变原始作用力方向的特点。

(3) 夹紧力增大倍数等于夹紧行程的缩小倍数。

要增大夹紧力，就要减小斜楔的升角，但升角的选取与夹紧行程有关。夹紧力增大多

少倍，夹紧行程就缩小多少倍。

2. 螺旋夹紧机构

采用螺旋装置直接夹紧或与其他元件组合实现夹紧的机构，统称螺旋夹紧机构。螺旋夹紧机构结构简单，容易制造。由于螺旋升角小，螺旋夹紧机构的自锁性能好，夹紧力和夹紧行程都较大，在手动夹具上应用较多。

1) 简单螺旋夹紧机构

简单螺旋夹紧机构是直接用螺钉或螺母夹紧工件的机构。由于直接用螺钉头部压紧工件，易使工件受压表面损伤，或带动工件旋转，如图 5-6(a)所示。因此常在头部装有摆动的压块(JB/T 8009.2—1999)。由于压块与工件间的摩擦力矩大于压块与螺钉间的摩擦力矩，压块不会随螺钉一起转动，如图 5-6(b)所示。在附录 A 夹具拼装项目实例中，多套夹具选用了螺旋夹紧机构，如 A.1.3 连杆铣大头孔两侧夹具，A.2.1 拨叉(831002)铣ϕ25 表面夹具等。

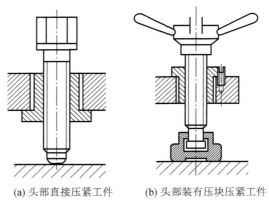

(a) 头部直接压紧工件   (b) 头部装有压块压紧工件

图 5-6　简单螺旋夹紧机构及压块

2) 螺旋压板夹紧机构

螺旋压板夹紧机构是螺旋夹紧机构中结构形式变化最多、应用最广的夹紧机构。如图 5-7 所示为常见的螺旋压板夹紧机构。在附录 A 拼装夹具项目实例中，A.1.6 连杆铣断夹具、A.1.10 连杆铣端盖结合面夹具、A.5.1 传动轴铣键槽夹具等多套夹具选用了螺旋压板夹紧机构。

3) 快速螺旋夹紧机构

夹紧动作慢、工件装卸费时是简单螺旋夹紧机构的缺点之一。为克服这一缺点，可采用快速螺旋夹紧机构，如图 5-8 所示。在附录 A 拼装夹具项目实例中，A.1.8 连杆钻连杆体小端油孔夹具、A.2.7 拨叉(831002)铣螺纹端面夹具、A.3.5 拨叉(831006)镗ϕ55 孔夹具等均选用了开口垫圈(JB/T 8008.5—1999)，以实现快速夹紧。

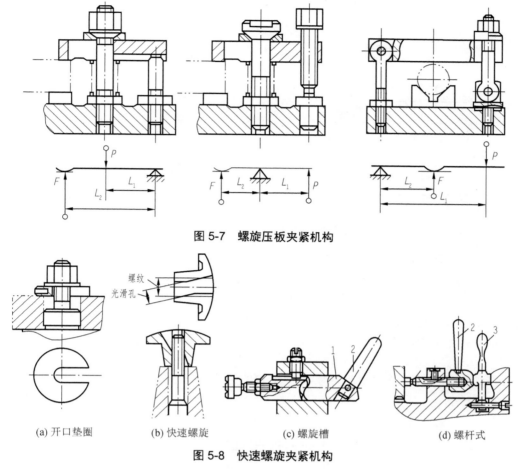

图 5-7　螺旋压板夹紧机构

(a) 开口垫圈　　　(b) 快速螺旋　　　(c) 螺旋槽　　　(d) 螺杆式

图 5-8　快速螺旋夹紧机构

1—夹紧轴；2、3—手柄

3. 偏心夹紧机构

偏心夹紧机构是用偏心件直接或与其他元件组合夹紧工件的机构。偏心夹紧机构具有结构简单、操作方便、夹紧迅速等优点；但它的夹紧行程小，自锁性能不稳定，故一般用于切削力、振动较小的手动夹紧场合，如图 5-9 所示。在附录 A 拼装夹具项目实例中，A.2.6 拨叉(831002)铣断夹具、A.3.6 拨叉(831006)铣断夹具、A.4.6 拨叉(831007)铣断夹具等夹具都选用了偏心夹紧机构。

4. 联动夹紧机构

联动夹紧机构是指利用一个原始作用力实现单件或多件的多点、多向同时夹紧的机构。该机构能有效提高生产率，在自动线和各种高效夹具中得到了广泛的采用。可通过操作一个手柄或用一个动力装置在几个夹紧位置上同时夹紧一个工件(单件联动夹紧)或夹紧几个工件(多件联动夹紧)。如图 5-10 所示为多件联动夹紧机构。

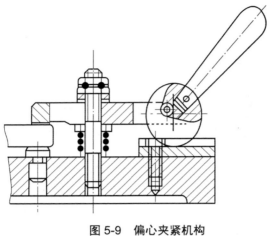

图 5-9　偏心夹紧机构　　　　　图 5-10　多件联动夹紧机构

5. 定心夹紧机构

定心夹紧机构能保证工件的对称点(或对称线、面)在夹紧过程中始终处于固定准确位置。如回转体工件要求内外圆同轴线或开槽的工件有对称度要求时，常采用定心夹紧机构安装工件，机构中通常定位元件和夹紧元件合为一体，定位和夹紧动作是同时进行的，如图 5-11 所示为螺旋定心夹紧机构。在附录 A 拼装夹具项目实例中，A.2.3 拨叉(831002)钻扩铰 $\phi25$ 孔夹具、A.3.4 拨叉(831006)钻扩铰 $\phi25$ 孔夹具、A.4.3 拨叉(831007)钻扩铰 $\phi25$ 孔夹具等，夹具的定位夹紧都选用了双 V 形块的定心夹紧方式。

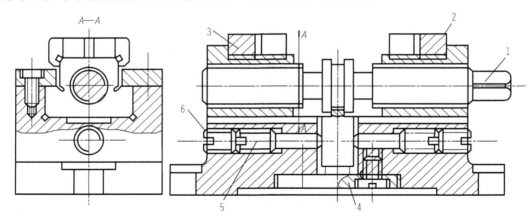

图 5-11　螺旋定心夹紧机构

1—螺杆；2、3—V 形块；4—叉形零件；5、6—螺钉

5.3　夹紧力的设计原则

为确保加工中工件能被有效可靠地夹紧，确定合理、合适的夹紧力至关重要。夹紧力包含作用点、方向和大小三个要素，其确定应根据工件结构特点、加工要求、加工状况和定位件结构及其布置形式等方面综合考虑。

5.3.1　确定夹紧力的作用点

(1) 夹紧力作用点应正对支承元件或位于支承元件所形成的支承区域内，如图 5-12 所示。

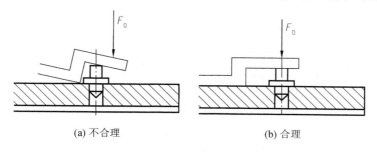

(a) 不合理　　　　　　　　　　　(b) 合理

图 5-12　夹紧力作用点应在支承面内

(2) 夹紧力作用点应位于工件刚性较好的部位，如图 5-13 所示。

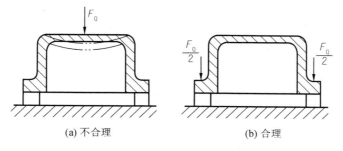

(a) 不合理　　　　　　　　　　　(b) 合理

图 5-13　夹紧力作用点应在刚性较好部位

(3) 夹紧力作用点应尽量靠近被加工表面，防止或减小工件的加工振动和变形。

当作用点只能远离加工面，造成工件装夹刚度较差时，应在靠近加工面附近的部位增加辅助支承并施加夹紧力 Q_2，以免振动和变形，如图 5-14 所示。

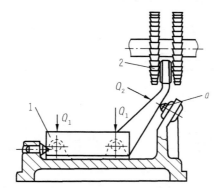

图 5-14　夹紧力作用点应靠近被加工表面

1—被加工工件；2—铣刀

5.3.2　确定夹紧力的作用方向

夹紧力作用方向的确定原则主要包括以下几方面。

(1) 夹紧力作用方向应朝向主要定位基准，以保证工件定位的准确性和可靠性，如图 5-15 所示。

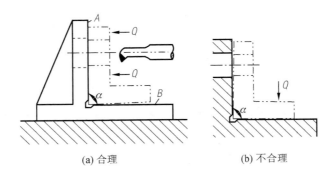

(a) 合理   (b) 不合理

图 5-15   夹紧力方向对镗孔垂直度的影响

(2) 夹紧力的方向应有利于减小夹紧力。如图 5-16 所示为工件在夹具中加工时常见的几种受力情况。图 5-16(a)中，夹紧力 Q、切削力 F 和重力 G 同向时，所需的夹紧力最小；图 5-16(f)中，夹紧力 Q 夹紧工件同时还需要克服切削力 F 和重力 G，所需的夹紧力最大。

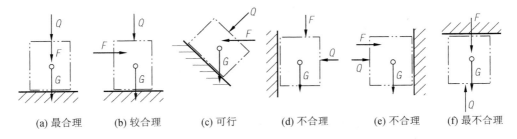

(a) 最合理   (b) 较合理   (c) 可行   (d) 不合理   (e) 不合理   (f) 最不合理

图 5-16   夹紧方向与夹紧力大小的关系

(3) 夹紧力的方向应是工件刚性较高的方向。如图 5-17 所示，薄套件径向刚度差而轴向刚度好，可以采用图 5-17(b)所示方案以避免工件发生严重的夹紧变形。

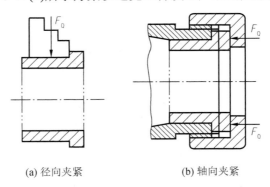

(a) 径向夹紧   (b) 轴向夹紧

图 5-17   夹紧力方向与工件刚性关系

5.3.3   确定夹紧力的大小

夹紧力大小要适当，过大了会使工件变形，过小了则在加工时工件会松动，造成报废甚至发生事故。理论上，夹紧力的大小应与作用在工件上的其他力(力矩)相平衡；而实际上，夹紧力的大小还与系统刚度、夹紧机构的传递效率等因素有关，计算时需要考虑的问题较多。因此，常采用估算法、类比法和试验法来确定所需的夹紧力。

当采用估算法确定夹紧力的大小时，为简化计算，通常将夹具和工件看成一个刚体。根据工件所受切削力、夹紧力(大型工件需考虑重力、惯性力等)的作用情况，找出加工过程中对夹紧最不利的状态，按静力平衡原理计算出理论夹紧力，最后再乘以安全系数作为实际所需要的夹紧力。

实际夹紧力为

$$F_{WK} = K \cdot F_W$$

式中：F_W——按工件受静力平衡所需要的夹紧力。

K——安全系数，一般取 1.5～2.5；夹紧力与切削力方向相反时，取 2.5～3。

需要注意的是，对于关键性的重要夹具，往往通过试验的方法来测定所需的夹紧力。

【例 5-1】如图 5-18 所示，估算铣削时所需的夹紧力。

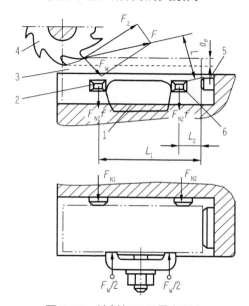

图 5-18　铣削加工所需夹紧力

1—压板；2、6—导向支承；3—工件；4—铣刀；5—止推支承

解： 当铣削到切削深度最大时，引起工件绕止推支承(5)翻转为最不利的情况，其翻转力矩为 FL；而阻止工件翻转的支承(2、6)上的摩擦力矩为 $F_{N2}fL_1 + F_{N1}fL_2$，工件重力及压板与工件间的摩擦力可以忽略不计。

当 $F_{N2}=F_{N1}=F_W/2$ 时，根据静力平衡条件并考虑安全系数，得

$$FL = \frac{F_W}{2}fL_1 + \frac{F_W}{2}fL_2$$

$$F_{WK} = \frac{2KFL}{f(L_1 + L_2)}$$

式中：f 为工件和导向支承之间的摩擦系数。

夹紧力三要素的确定必须全面考虑工件的结构特点、工艺方法、定位元件的结构和布置等多种因素。

5.4　夹紧的动力源装置

在大批量生产中，为提高生产率、降低工人劳动强度，大多数夹具都采用机动夹紧装置。驱动方式有气动、液动、气液联合驱动、电(磁)驱动、真空吸附等多种形式。

5.4.1　气动夹紧装置

气动夹紧装置以压缩空气作为动力源推动夹紧机构夹紧工件。它们通常直接装在机床夹具上与夹具机构相连。

1. 气缸结构

常用的气缸结构有活塞式和薄膜式两种。活塞式气缸按照气缸装夹方式分类有固定式、摆动式和回转式三种，按工作方式分类有单向作用和双向作用两种，应用最广泛的是双向作用固定式气缸。

(1) 如图 5-19 所示为固定式活塞式气缸，由缸体(1)、缸盖(2)与缸盖(4)、活塞杆(3)、活塞(6)和密封圈(5)组成。活塞在压缩空气的推动下做往复直线运动，从而实现夹紧和松开。

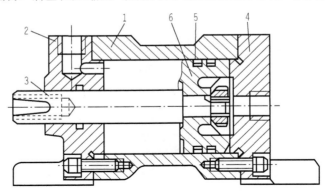

图 5-19　固定式活塞式气缸

1—缸体；2、4—缸盖；3—活塞杆；5—密封圈；6—活塞

(2) 如图 5-20 所示为单向作用薄膜式气缸。当压缩空气从接头(1)进入气缸作用在薄膜(5)和托盘(4)上时，推杆(6)右移夹紧工件；松夹时靠弹簧(2)和弹簧(3)的弹力推动托盘左移，废气仍从接头(1)排出。

2. 气动夹紧的特点

(1) 动作迅速，反应快。气压为 0.5MPa 时，气缸活塞速度为 1～10m/s，夹具每小时可连续松夹上千次。

(2) 工作压力低(一般为 0.4～0.6MPa)，传动结构简单，对装置所用材料及制造精度要求不高，制造成本低。

(3) 空气黏度小，在管路中的损失较少，便于集中供应和远距离输送，易于集中操纵或程序控制等。

(4) 空气可就地取材，容易保持清洁，管路不易堵塞，也不会污染环境，具有维护简单，使用安全、可靠、方便等特点。

其主要缺点是：空气压缩性大，夹具的刚度和稳定性较差；在产生相同原始作用力的条件下，因工作压力低，其动力装置的结构尺寸大；此外，还有较大的排气噪声。

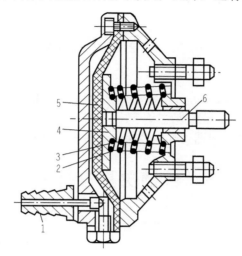

图 5-20   单向作用薄膜式气缸

1—接头；2、3—弹簧；4—托盘；5—薄膜；6—推杆

5.4.2   液压夹紧装置

液压夹紧装置的结构和工作原理基本与气动夹紧装置相同，所不同的是它所用的工作介质是压力油。与气压夹紧装置相比，液压夹紧装置具有以下优点。

(1) 液压油油压高、传动力大，在产生同样原始作用力的情况下，液压缸的结构尺寸比气压的小 3～4 倍。

(2) 油液的不可压缩性使夹紧刚度高，工作平稳、可靠。

(3) 液压传动噪声小，劳动条件比气压的好。

其缺点是：油压高容易漏油，要求液压元件的材质和制造精度高，故而夹具成本较高。

5.4.3   气液增压装置

1. 气液增压工作原理

气液增压缸工作原理如图 5-21 所示，将一油压缸与增压器做一体式结合，使用纯压作为动力源，利用增压器的大小活塞截面积之比及帕斯卡能源守衡原理而工作。因为压力不变，当受压面积由大变小时，则压强也会随其大小不同而变化的原理，从而达到将气压压力提高到数十倍的压力效果。

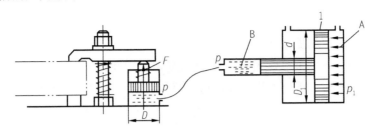

图 5-21　气液增压缸工作原理

2. 气液增压装置的特点

(1) 其油压可达 9.8～19.6MPa，不需要增加机械增力机构就能产生很大的夹紧力，使夹具结构简化，传动效率提高和制造成本降低。

(2) 气液增压装置已被制成通用部件，可以各种方式灵活、方便地与夹具组合使用。

5.5　铣槽夹具设计案例

如图 5-22 所示，连杆零件在本工序中需铣 $45mm_0^{+0.1}$ 槽。工件材料为 45 钢，毛坯为锻件，中批量生产。

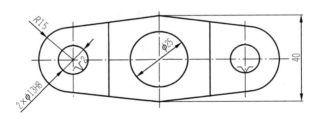

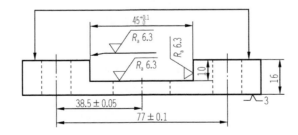

图 5-22　连杆零件工序简图

1. 工艺分析

根据工艺规程，这是零件铣 $45mm_0^{+0.1}$ 槽的工序，工序要求如下。

$45mm_0^{+0.1}$ 槽与 $\phi13H8$ 孔中心的距离为 (38.5 ± 0.05)mm，距顶面距离为 10mm，$R_a\leqslant$ 3.2μm。

2. 定位方案

本工序加工需要限制六个自由度，定位方式可参照前述"拨叉(831006)拼装铣断夹具"模型的案例，进行仿照设计分析。如图 5-23 所示，连杆以底面和 $2\times\phi20^{+0.021}$ 孔作为定位基面，用支承板(8)、圆柱销(9)和菱形销(7)实现定位，采用一面两销的定位方式，共限制了六个自由度，为完全定位。

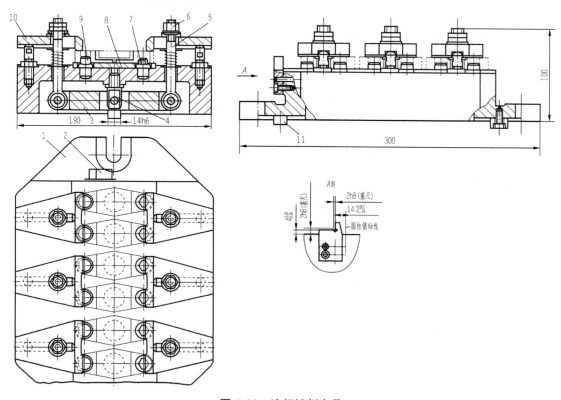

图 5-23 　连杆铣削夹具

1—夹具体；2—对刀块；3—浮动杠杆；4—铰链螺钉；5—活节螺栓；6—螺母；7—菱形销；

8—支承板；9—圆柱销；10—压板；11—定位键

为了提高效率，夹具同时加工六个工件，为多件加工铣床夹具。

3. 夹紧方案

夹紧方案采用联动压板夹紧机构。两副螺旋移动压板(10)同时夹紧工件的两端，移动压板通过螺母(6)、活节螺栓(5)和浮动杠杆(3)联动，保证夹紧可靠，同时也提高了工作效率。

4. 对刀方案

该零件加工要求是铣槽，槽宽 45mm，从夹具结构等方面考虑，选用侧装对刀块(2)，塞尺采用厚度为 2h8 的平塞尺。

5. 其他结构

如本教材项目二所述，为便于连接机床和夹具，夹具应设计耳座。与项目二中铣平面夹具实例不同的是：该夹具用于铣槽，必须保证零件加工时铣槽的方向，所以在夹具底面必须安装两个定位键(11)，用于夹具与机床装配时的定位，保证铣槽方向。

上述实例中介绍了零件的铣槽夹具，若是设计零件的铣断夹具，夹具的定位夹紧方式仍然可以选用上述方案，但是考虑到铣断后零件由原来的一个整体，变为分开的两个部分，所以必须注意夹紧方式中夹紧力作用点的选择，应尽可能靠近铣断位置，要保证零件被铣断后夹紧的可靠性。

项 目 寄 语

拼装夹具可以实现多种类型工件、不同表面要素的加工。在这个项目的学习中，我们又知道了一种铣槽夹具的结构，在理解这种夹具所选用的定位夹紧原理的基础上，我们可以思考一下是否可以采用其他的定位夹紧方案完成铣槽的任务呢？

一个夹具在结构性能上的优劣，除了从定位性能上加以评定外，还需考量夹紧机构的可靠性、操作方便性，通常夹具夹紧机构的复杂程度往往决定了一套夹具结构的复杂程度，因此夹紧机构在夹具设计中占有重要地位。

通过前面几个项目中各种类型拼装夹具的学习，我们已经知道了一些常见的夹紧机构，在本项目的学习中，又系统地掌握了专用夹具典型夹紧机构的原理与设计思路，学习了夹紧力分析的思路，同时也了解了常见的夹紧的动力源装置。我们已具有设计夹具的基本能力，但我们的目标是设计实用合理的夹具装置，没有最好，只有更好！这有待于我们的继续努力！

思 考 与 练 习

1. 试述夹紧装置的组成及各组成部分之间的关系。

2. 夹紧装置设计的基本要求是什么？

3. 确定夹紧力的方向和作用点时应遵循哪些原则？

4. 试举例说明减少夹紧变形的主要方法。

5. 试分析图 5-24 所示各种夹紧方案有何错误和不当之处，并提出改进措施。

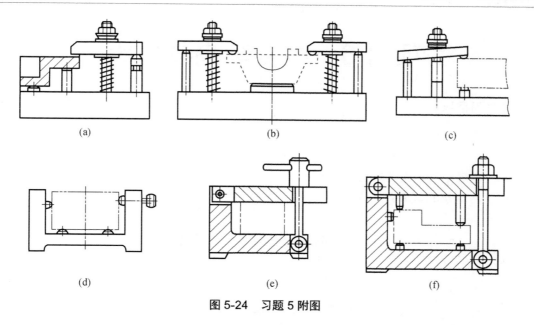

(a)   (b)   (c)

(d)   (e)   (f)

图 5-24   习题 5 附图

6. 在本项目拼装夹具案例学习的基础上，参照图 5-23 连杆铣槽夹具进行仿照设计，完成"拨叉 831006"铣断工序的专用夹具设计。拨叉(831006)零件图参见图 3-15。

项目 6　组合车夹具拼装

【学习目标】

◆　掌握组合夹具的基础知识。

◆　学会组合夹具中孔定位夹具的拼装方法。

◆　理解专用车夹具结构设计要点。

◆　熟悉专用车床夹具的设计。

6.1　组合夹具的基本知识

组合夹具是一种先进的工艺装备，是由一套预先制好的各种不同形状、规格和用途的标准化元件和部件组成的机床夹具系统。使用时，按照工件的加工要求可从中选择适用的元件和部件，组装成各种专用夹具，也称为柔性组合夹具。

6.1.1　组合夹具的特点

组合夹具主要有以下特点。

(1) 组合夹具元件能长期重复使用，不会因被加工工件改变而报废。

(2) 组合夹具精度较高，互换性好，根据工件的加工要求，可随时组装成各种形式的专用夹具，结构灵活多样，应用广泛。

(3) 组合夹具刚性较差，结构也不紧凑，不适宜在大切削用量加工中使用。

(4) 组合夹具适合在新产品试制或单件小批量的一般加工中使用。

6.1.2　组合夹具的分类

组合夹具分为槽系和孔系两个系列。槽系组合夹具是指组合夹具元件主要靠槽来定位和夹紧。孔系组合夹具是指组合夹具元件主要靠孔来定位和夹紧。

1. 槽系组合夹具

槽系组合夹具的特点是平移调整方便，它广泛地应用于普通机床上进行一般精度零件的机械加工，其主要元件有：基础件、定位件、支承件、导向件、压紧件、紧固件和组合件。

常见的基本结构有：基座加宽结构、定向定位结构、压紧结构、角度结构、移动结构、转动结构、分度结构等。若干个基本结构组成一套组合夹具。

其定位、调整原理从前面的拼装夹具中可见一斑。

2. 孔系组合夹具

孔系组合夹具的特点是旋转调整方便，精度和刚度都高于槽系组合夹具。

孔系组合夹具按定位孔直径分为大型和中型两种，其定位直径分别是 12～16mm，螺纹孔直径分别是 M12～M16。孔系组合夹具的主要元件和结构与槽系组合夹具基本相同，随着孔系组合夹具元件设计的不断改进完善，吸取槽系结构的特点，应用范围更加广泛。

6.1.3   组合夹具的主要元件

组合夹具的主要元件包括以下几方面。

(1) 基础件：是组合夹具中起基础作用的最大元件，可做成方形、圆形等各种形状。

(2) 支承件：往往和基础件配合使用，有方形支承、支承 V 形块等。

(3) 定位件：主要有直键、定位销、定位座、定位盘等，主要起定位作用。

(4) 导向件：主要是在切削中起到正确引导刀具的作用，有时也起着定位的作用，它包括钻模板、钻套等。

(5) 夹紧件：包括各种形状的压板、螺栓等，用来把工件夹紧在夹具上。

(6) 紧固件：用来把夹具上的各组合元件连接紧固在一起，使之成为一个整体，它包括双头螺栓、T 形螺栓、关节螺栓等。

(7) 组合件：是起特定作用的组合体，由若干个零件组成，不拆散使用，可提高组合夹具的组装速度，它包括顶尖座、多齿分度盘、可调 V 形块等。

为便于组合并获得较高的组装精度，组合夹具元件本身的制造精度为 IT6～7 级，并要有很好的互换性和耐磨性。一般情况下，组装成的夹具能加工 IT8 级精度的工件，如经过仔细调整，也可加工 IT6～7 级精度的工件。

6.2   项目案例：车削连接座内孔及内螺纹的组合夹具

"连接座"零件是机械设备里的一个重要工件，零件图如图 6-1 所示，工件材料为 HT200，铸件壁厚 2.5～10mm。工件组成轮廓：底部轮廓，外轮廓，圆柱面。此零件的生产类型为小批量生产。

6.2   车夹具拼装动画

1. 工艺要求

车削加工连接座 45°方向的 φ12 内孔及 M16×1.5 螺纹。

2. 组合夹具组装方案思考

定位方案：以工件底面作为主要定位基准，限制三个自由度；中间 φ19mm 孔用短圆柱销定中心，限制两个自由度；倾斜柱的一侧用支承，限制一个转动自由度。夹具共限制了六个自由度，属于完全定位。

夹紧方案：用压板两侧压紧工件。

加工方案：按车床主轴锥度规格选配锥柄，与车床连接后加工。

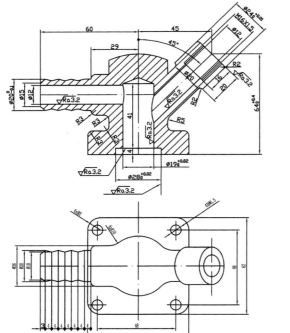

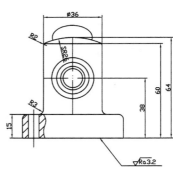

技术要求

1. 材料为铸铁；
2. 未注圆角尺寸均为R1.5；
3. 所有孔均为机加工孔；
4. 机加工面均留加工余量3mm.

图 6-1　"连接座"零件图

3. 关键问题的解决

该零件为异形件，加工表面倾斜于工件底面，因此为保证加工要求，在夹具调整中需要解决两个关键问题(以北京蓝新特公司的蓝系组合夹具为例说明)。

(1) 45°角度调整。

按照蓝系夹具元件系统挑选元件，选取两个 45°角度支承，完成 45°角度调整。

(2) 加工部位中心与圆形基础板中心重合。

① X 方向对中心。如图 6-2 所示，根据蓝系夹具中"圆形基础板""正方形支承"等元件的尺寸及"连接座"零件的加工要求计算偏心量 e，再根据计算结果选择合适的"偏心 T 形销"及"纵向移位板"以保证零件定位后被加工孔的轴心线在 X 方向的中心位置。

根据推导结果选用型号为 J12273020 的"纵向移位板"(自身偏心量为 10mm)、特制的"偏心 T 形销键"(偏心量 $e=10\text{mm}-6.36\text{mm}=3.64\text{mm}$)和型号为 J12264090 的"45°角度支承"、型号为 J12202020 的"正方形支承"以满足偏心要求，完成 X 方向对中心调整。

② Y 方向对中心。选用两套 X 方向对中心调整的夹具元件，相对 X 轴对称布置，即可保证零件加工部位 Y 方向对中心。

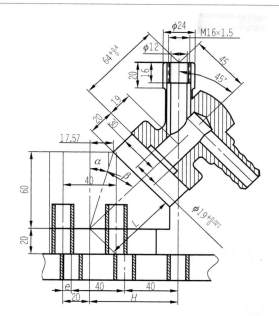

偏心量(e)推导过程

$$\tan\alpha=17.57/60$$
$$\alpha=16.32°$$
$$\beta=45-16.32=28.68°$$
$$\tan 28.68°=30/L$$
$$L=30/0.547=54.845$$
$$19+20+54.845=93.845$$
$$\sin 45°=对/斜$$
$$对(H)=93.845×0.7071=66.36$$
$$偏心量(e)=H+20-40×2=66.36+20-80=6.36$$

图 6-2　偏心量 e 推导示意图

4. 选择元件

根据组合夹具设计方案，选取表 6-1 中所列零件准备进行"连接座"零件的内孔及内螺纹组合车夹具的拼装。

表 6-1　"连接座"零件的内孔及内螺纹组合车夹具零件明细表

序　号	元件名称	数　量	元件编号
1	角度支承	2	J12264090
2	定位板	1	J12321018
3	"连接座"工件	1	
4	正方形支承	2	J12202060
5	平衡块	1	
6	圆形基础板	1	J12141320
7	平压板	2	J08500045
8	纵向移位板	2	J12273020
9	莫氏锥尾基体	1	J12191005
10	销键	2	J12301019
11	偏心 T 形销键	2	J12304350
12	圆柱定位销	10	J12310029
13	内六角螺钉	4	J12613040

5. 夹具拼装操作步骤及调整

(1) 用内六角螺钉将圆形基础板和莫氏锥尾基体配合。

（2）用内六角螺钉将圆形基础板和平衡块连接。

（3）用定位销使正方形支承定位，用内六角螺钉将正方形支承与圆形基础板连接。

（4）用销键为纵向移位板确定位置，用小头内六角螺钉让纵向移位板和圆形基础板连接。

（5）用圆柱定位销为45°角度支承定位，用内六角螺钉将角度支承和纵向移位板连接。

（6）用圆柱定位销为定位板定位，用小头内六角螺钉将定位板和角度支承连接。

（7）用沉孔支承环、平压板、双头螺栓和带肩螺母将工件固定在定位板上。

调整好各元件位置后固定联接件。完成的"连接座"零件的内孔及内螺纹组合车夹具，如图6-3、图6-4所示。

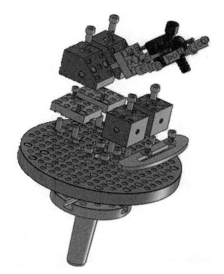

图6-3　"连接座"内孔及内螺纹加工组合车夹具爆炸图

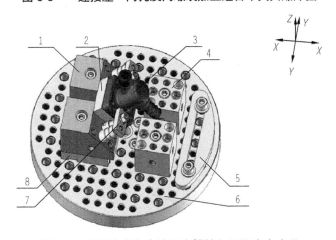

图6-4　"连接座"内孔及内螺纹加工组合车夹具

1—角度支承；2—定位板；3—"连接座"工件；4—正方形支承；5—平衡块；
6—圆形基础板；7—平压板；8—纵向移位板

6.3　专用车夹具的结构设计要点

在车床上用来加工工件的内外回转面及端面的夹具称为车床夹具。车床夹具多数安装在车床主轴上，少数安装在车床的床鞍或床身上。

6.3.1　车床夹具的种类

当工件定位基面为单一圆柱表面或与被加工表面轴线垂直的平面时，可采用各种通用车床夹具，如三爪自定心卡盘、四爪卡盘、顶尖、花盘等；当工件定位基面较复杂时，需要设计专用车床夹具。安装在车床主轴上的专用夹具通常可分为心轴式、角铁式和花盘式等。

1. 心轴式车床夹具

以工件内孔为定位基面，如各种定位心轴(刚性心轴)、弹簧心轴等。如图 6-5 所示为一车床上常用的带锥柄的圆柱心轴。加工时，工件以内孔及端面为定位基准，在心轴上定位，用螺母通过开口垫圈将工件夹紧。该心轴以锥柄与车床主轴连接。设计心轴时，应注意正确选择工件孔与心轴配合。

2. 圆盘式车床夹具

夹具体为圆盘形，在圆盘式车床夹具上加工的工件一般形状都较复杂，多数情况工件的定位基准为与被加工圆柱面垂直的端面。夹具上的平面定位件与车床主轴的轴线垂直。

如图 6-6 所示为加工回水盖上 2-G1 螺孔工序图。加工要求是：两螺孔的中心距为 (78 ± 0.3)mm，两螺孔的连心线与 $\phi9H7$ 两孔的连心线之间的夹角为 45°，两螺孔轴线应与底面垂直。

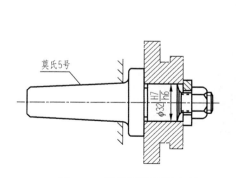

图 6-5　带锥柄的圆柱心轴

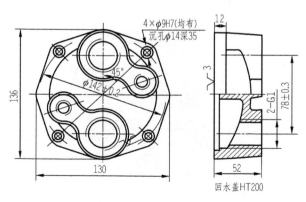

图 6-6　加工回水盖上 2-G1 螺孔工序图

如图 6-7 所示为加工本工序的圆盘式车床夹具。

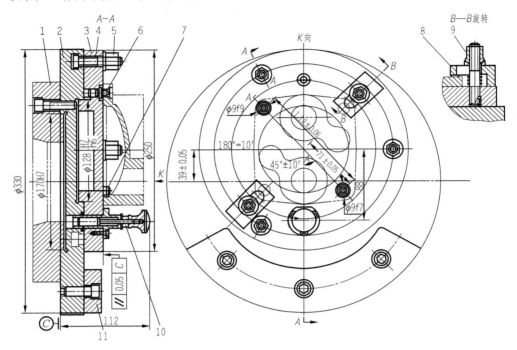

图 6-7 圆盘式车床夹具

1—过渡盘；2—夹具体；3—分度盘；4—T 形螺钉；5、9—螺母；

6—菱形销；7—定位销；8—螺旋压板；10—对定销；11—平衡块

3. 角铁和花盘式夹具，以工件的不同组合表面定位

图 6-8 所示为车气门顶杆端面的角铁式车床夹具。由于该工件是以细小的外圆柱面定位，因此很难采用自动定心装置，于是采用半圆套定位元件，夹具体必然设计成角铁状。为了使夹具平衡，该夹具采用了在一侧钻平衡孔的办法。

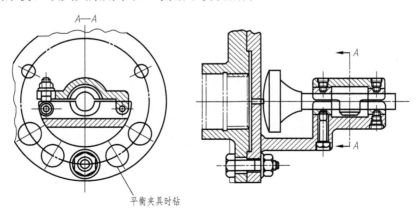

平衡夹具时钻

图 6-8 车气门顶杆端面的角铁式车床夹具

6.3.2　车床夹具设计要点

车床夹具在工作时，和工件随机床主轴或花盘一起高速旋转，具有离心力和不平衡惯量。因此设计夹具时，除了保证工件达到工序精度要求外，还应着重考虑以下问题。

1. 车床夹具的总体结构

(1) 车床夹具的夹具体应设计成圆形。为保证安全，夹具上的各种元件一般不允许凸出夹具体圆形轮廓之外。

(2) 夹具的总体结构应紧凑。由于车床夹具一般是在悬臂的状态下工作，为保证加工的稳定性，夹具的结构应力求紧凑、轮廓尺寸小、重量轻，悬伸长度要短，使重心尽可能靠近主轴。

(3) 夹具的总体结构应平衡。由于加工时夹具随同主轴旋转，如果夹具的总体结构不平衡，则在离心力的作用下将造成振动，影响工件的加工精度和表面粗糙度，加剧机床主轴和轴承的磨损。因此，车床夹具除了控制悬伸长度外，结构上还应基本平衡。角铁式车床夹具的定位装置及其他元件总是安装在主轴轴线的一边，不平衡现象最严重，所以在确定其结构时，特别要注意对它进行平衡。平衡的方法有两种：设置配重块或加工减重孔。

(4) 应注意切屑缠绕和切削液飞溅等问题，必要时应设置防护罩。

2. 定位装置和夹紧装置的设计

1) 定位元件的设计要点

在车床上加工回转面时，要求工件被加工面的轴线与车床主轴的旋转轴线重合，夹具上定位元件的结构和布置，必须保证这一点。因此，对于同轴的轴套类和盘类工件，要求夹具定位元件工作表面的中心轴线与夹具的回转面轴线重合。对于壳体、接头或支座等工件，被加工的回转面轴线与工序基准之间有尺寸联系或相互位置精度要求时，则应以夹具轴线为基准确定定位元件工作表面的位置。

2) 夹紧装置的设计要点

在车削过程中，由于工件和夹具随主轴旋转，除工件受切削扭矩的作用外，整个夹具还受到离心力的作用。此外，工件定位基准的位置相对于切削力和重力的方向是变化的。因此，夹紧机构必须产生足够的夹紧力，且自锁性能要良好，优先采用螺旋夹紧机构。对于角铁式夹具，还应注意施力方式，防止引起夹具变形。如图 6-9 所示，如果采用图 6-9(a)所示的施力方式，会引起悬伸部分的变形和夹具体的弯曲变形，离心力、切削力也会加剧这种变形；如能改用图 6-9(b)所示的铰链式螺旋摆动压板机构，压板的变形不影响加工精度。

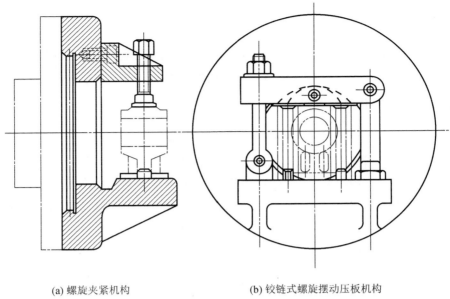

(a) 螺旋夹紧机构　　　　　　　　　　　(b) 铰链式螺旋摆动压板机构

图 6-9　夹紧施力方式的比较

3. 夹具与机床主轴的连接

车床夹具与机床主轴的连接精度对工件的加工精度有一定的影响。因此，要求夹具的回转轴线与卧式车床主轴轴线应具有尽可能小的同轴度误差。

心轴类车床夹具以莫氏锥柄与机床主轴锥孔配合连接，用螺杆拉紧。有的心轴则以中心孔与车床前、后顶尖安装使用。

根据径向尺寸的大小，其他专用夹具在机床主轴上的安装连接一般有两种方式。

(1) 夹具通过主轴锥孔与机床主轴连接。对于径向尺寸 $D<140\mathrm{mm}$，或 $D<(2\sim3)d$ 的小型夹具，一般用锥柄安装在车床主轴的锥孔中，并用螺杆拉紧，如图 6-10(a)所示。这种安装方式的安装误差小，定心精度高。

(2) 夹具通过过渡盘与机床主轴连接。对于径向尺寸较大的夹具，一般用过渡盘安装在车床主轴的头部，过渡盘与主轴配合处的形状取决于主轴前端的结构。

如图 6-10(b)所示的过渡盘，以定位圆孔按 H7/h6 或 H7/js6 的配合在主轴前端的定位轴颈上定位，并用螺纹和主轴连接，轴向由过渡盘端面与主轴前端的台阶面接触。为防止停车和倒车时因惯性作用使两者松开，用压块(4)将过渡盘压在主轴上。这种连接方式的定心精度受配合精度的影响，常用于 C620 机床。

如图 6-10(c)所示的过渡盘，以短圆锥面和端面定位。安装时，先将过渡盘推入主轴，使其端面与主轴端面之间有 0.05～0.1mm 的间隙，用螺钉均匀拧紧后，产生弹性变形，使端面与锥面全部接触，这种安装方式定心准确，刚性好，但加工精度要求高，常用于 CA6140 机床。

过渡盘常作为车床附件备用，设计夹具时应按过渡盘凸缘确定专用夹具体的止口尺寸。过渡盘的材料通常为铸铁。各种车床主轴前端的结构尺寸，可查阅有关手册。

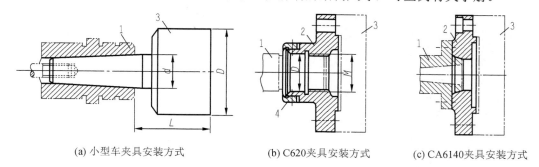

(a) 小型车夹具安装方式　　　　(b) C620夹具安装方式　　　　(c) CA6140夹具安装方式

图 6-10　车床夹具与机床主轴的连接

1—主轴；2—过渡盘；3—专用夹具；4—压块

4. 夹具的静平衡

由于加工时夹具随同主轴旋转，如果夹具的总体结构不平衡，则在离心力的作用下将造成振动，影响工件的加工精度和表面粗糙度，加剧机床主轴和轴承的磨损。因此，车床夹具除了控制悬伸长度外，结构上还应基本平衡。角铁式车床夹具的定位元件及其他元件总是布置在主轴轴线一边，不平衡现象最严重，所以在确定其结构时，特别要注意对它进行平衡。平衡的方法有两种：设置平衡块或加工减重孔。

在确定平衡块的重量或减重孔所去除的重量时，可用隔离法作近似估算。即把工件及夹具上的各个元件，隔离成几个部分，互相平衡的各部分可略去不计，对不平衡的部分，则按力矩平衡原理确定平衡块的重量或减重孔应去除的重量。为了弥补估算法的不准确性，平衡块上(或夹具体上)应开有径向槽或环形槽，以便调整。

6.4　专用车夹具设计案例

CA6140 车床开合螺母零件如图 6-11 所示，本工序需精镗 $\phi40^{+0.027}_{0}$ mm 孔及车端面。工件材料为 45 号钢，毛坯为锻件。中批量生产。

1. 工艺分析

本任务是设计开合螺母零件精镗孔及车端面车床夹具。

(1) $\phi40^{+0.027}_{0}$ mm 孔轴线到燕尾导轨底面 C 的距离为(45±0.05)mm。

(2) $\phi40^{+0.027}_{0}$ mm 孔轴线与燕尾导轨底面 C 的平行度为 0.05mm。

(3) $\phi40^{+0.027}_{0}$ mm 孔与 $\phi12^{+0.019}_{0}$ mm 孔的距离为(8±0.05)mm。

(4) $\phi40^{+0.027}_{0}$ mm 孔轴线对两 B 面的对称面的垂直度为 0.05mm。

2. 定位夹紧方案

根据加工工序的尺寸、形状和位置精度要求，工件定位时需限制五个自由度。

贯彻基准重合原则，如图 6-12 所示，工件用燕尾面 B 和 C 在固定支承板(8)及活动支承板(10)上定位(两板高度相等)，限制五个自由度；用 $\phi 12_0^{+0.019}$ mm 孔与活动菱形销(9)配合，限制一个自由度；实现了完全定位。工件装卸时，可从上方推开活动支承板(10)将工件插入，靠弹簧力使工件靠紧固定支承板(8)，并略推移工件使活动菱形销(9)弹入定位孔 $\phi 12_0^{+0.019}$ mm 内。

夹具采用安装有摆动 V 形块 3 的回转式螺旋压板机构夹紧。

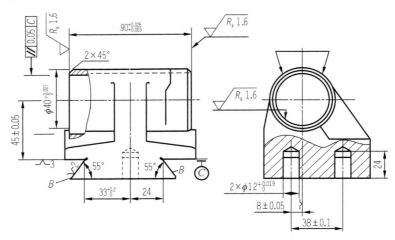

图 6-11　开合螺母车削工序图

3. 夹具体的选择

根据零件外形和车床主轴夹具的结构特点，选择相应结构形状和尺寸的角铁形夹具体。采用平衡块(6)来保持夹具的平衡。

CA6140 车床开合螺母零件精镗 $\phi 40_0^{+0.027}$ mm 孔及车端面工序的夹具图，如图 6-12 所示。

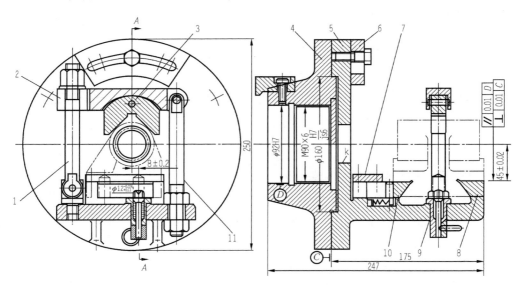

图 6-12　镗 CA6140 车床开合螺母用车床夹具

1、11—螺栓；2—压板；3—摆动 V 形块；4—过渡盘；5—夹具体；
6—平衡块；7—盖板；8—固定支承板；9—活动菱形销；10—活动支承板

项 目 寄 语

　　组合夹具是在夹具零部件标准化的基础上发展起来的一种新型的工艺装备。其结构灵活多变，适应性广，元件可长期循环使用，可以广泛地应用于普通机床上进行一般精度零件的机械加工。我国组合夹具自 20 世纪 60 年代起步研制，70 年代形成专业化生产能力，80 年代被列为国家新技术推广项目，组合夹具在全国得到广泛应用，成为我国机械工业新兴的组合装备行业。

　　本教材中在拼装夹具模型的基础上，进一步学习了专用夹具和组合夹具的相关知识，拼装夹具模型可以帮助我们清晰地认识夹具中常用的定位和夹紧方案，加深对夹具工作原理的理解。但是并不能用于生产加工，这一点必须认识清楚，同时也可以运用学习的知识考虑一下这是为什么？

　　由于历史原因和观念上的误差，专用夹具使用广泛，组合夹具的推广之路曾经布满艰辛，在得到市场认可、被广泛使用的今天，又面临国际竞争的压力。在今后的工作中，如何正确灵活地选用和设计各种类型的夹具，我们任重道远。

思考与练习

1. 什么是组合夹具？组合夹具有什么特点？
2. 车床夹具具有哪些结构类型？各有何特点？
3. 试述圆盘式车床夹具的结构特点。
4. 试述专用车床夹具的设计要点。

附录 A　夹具拼装项目实例

注：拼装中使用的标准件不在元件明细表中列出。

A.1　连杆加工拼装夹具

A.1.1　铣上平面夹具

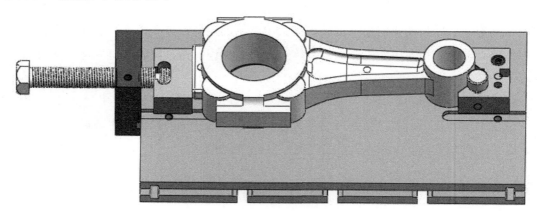

元件明细表		
编　号	名　称	数　量
PZ01	长方形基础板	1
GZ01	固定 V 形块	1
PZ04	夹紧侧板	1
GZ12	压紧螺钉	1
PZ16	T 形槽用螺母 1	2
PZ09	挡块	1
GZ05	圆形对刀块	1

定位：长方形基础板限制三个自由度，固定 V 形块限制两个自由度，挡块限制一个自由度。

夹紧：通过压紧螺钉的旋合，推动挡块移动，从而夹紧工件。

A.1.2　钻扩铰小头孔夹具

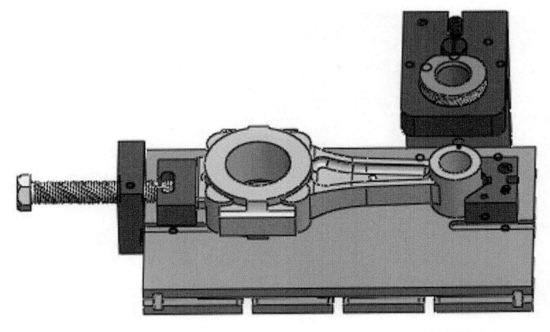

元件明细表		
编　号	名　　称	数　量
PZ01	长方形基础板	1
GZ01	固定 V 形块	1
PZ02	侧板 1	1
PZ05	钻模板	1
GZ08	定位衬套	1
GZ04	快换钻套	2
PZ04	夹紧侧板	1
GZ12	压紧螺钉	1
PZ09	挡块	1
PZ16	T 形槽用螺母 1	5

定位：长方形基础板限制三个自由度，固定 V 形块限制两个自由度，挡块限制一个自由度。

夹紧：通过压紧螺钉的旋合，推动挡块移动，从而夹紧工件。

A.1.3　铣大头孔两侧夹具

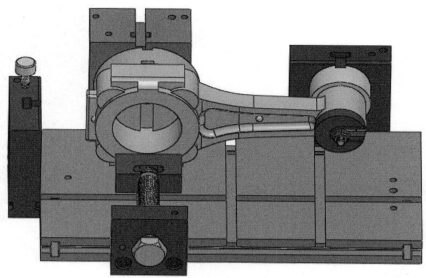

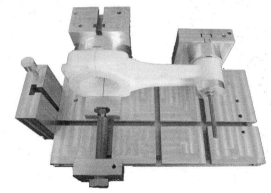

元件明细表		
编　号	名　　称	数　量
PZ01	长方形基础板	1
PZ02	侧板 1	1
PZ10	铣断垫板	1
PZ03	侧板 2	2
PZ11	圆形定位盘	1
PZ12	支撑轴	1
GZ06	圆形对刀块	1
GZ11	菱形销	1
GZ09	开口垫片	1
PZ04	夹紧侧板	1
PZ09	挡块	1
GZ12	压紧螺钉	1
PZ16	T 形槽用螺母 1	12

定位：一面两销。圆形定位盘与铣断垫板端面限制三个自由度，铣断垫板凸台限制两个自由度，菱形销限制一个自由度。

夹紧：螺旋夹紧。

A.1.4　铣大头孔配重端夹具

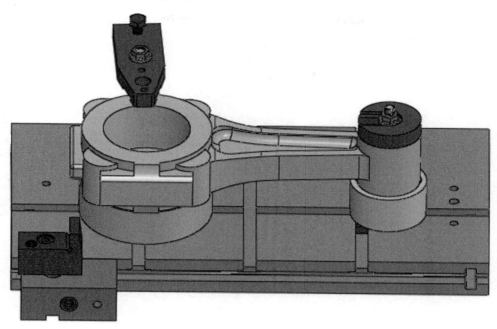

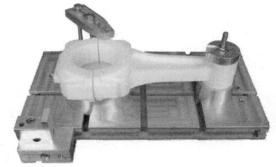

元件明细表		
编　号	名　　称	数　量
PZ01	长方形基础板	1
PZ10	铣断垫板	1
PZ11	圆形定位盘	1
GZ11	菱形销	1
GZ09	开口垫片	1
PZ19	定位板 1	1
GZ05	直角对刀块	1
PZ07	夹紧压板 1	1
PZ12	支撑轴	2
PZ16	T 形槽用螺母 1	6
PZ18	T 形槽用螺母 3	1

　　定位：一面两销。圆形定位盘与铣断垫板端面限制三个自由度，铣断垫板凸台限制两个自由度，菱形销限制一个自由度。

　　夹紧：螺旋夹紧和压板夹紧。

A.1.5　扩大头孔夹具

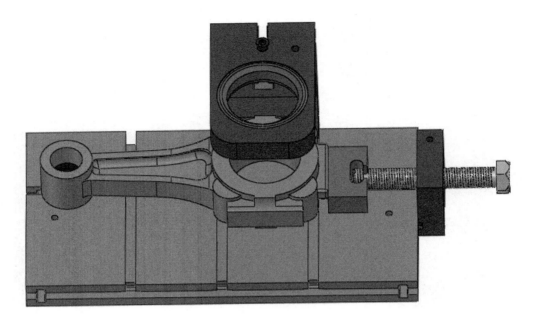

元件明细表		
编　号	名　　称	数　量
PZ01	长方形基础板	1
GZ10	圆柱销	1
PZ02	侧板 1	1
PZ06	钻镗模板	1
GZ07	固定钻套	1
PZ04	夹紧侧板	1
GZ12	压紧螺钉	1
PZ09	挡块	1
PZ16	T 形槽用螺母 1	5

定位：长方形基础板限制三个自由度，圆柱销限制两个自由度，挡块限制一个自由度。

夹紧：螺旋夹紧。

A.1.6　连杆铣断夹具

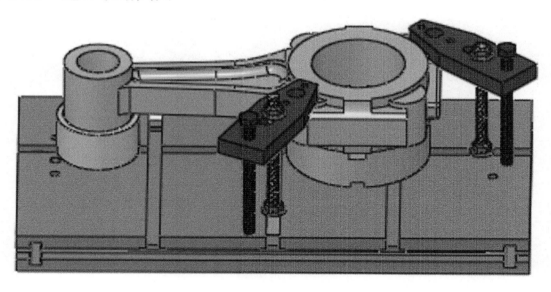

元件明细表		
编　号	名　　称	数　量
PZ01	长方形基础板	1
PZ10	铣断垫板	1
PZ11	圆形定位盘	1
GZ11	菱形销	1
PZ07	夹紧压板 1	2
PZ12	支撑轴	2
BZ16	T 形槽用螺母 1	4
BZ18	T 形槽用螺母 3	2

定位：一面两销。圆形定位盘与铣断垫板端面限制三个自由度，铣断垫板凸台限制两个自由度，菱形销限制一个自由度。

夹紧：压板夹紧。

A.1.7　铣连杆体结合面夹具

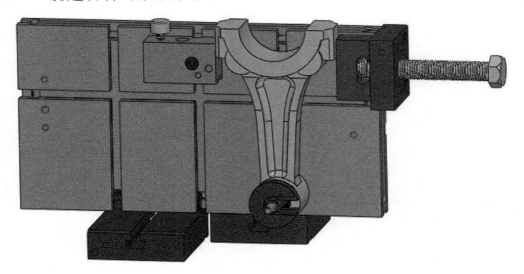

元件明细表		
编　号	名　　称	数　量
PZ01	长方形基础板	1
PZ03	侧板 2	2
GZ10	圆柱销	1
PZ19	定位板 1	1
GZ06	圆形对刀块	1
PZ04	夹紧侧板	1
GZ12	压紧螺钉	1
PZ09	挡块	1
PZ16	T 形槽用螺母 1	8

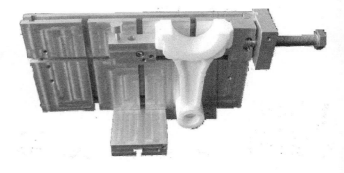

　　定位：长方形基础板限制三个自由度，圆柱销限制两个自由度，定位板限制一个自由度。

　　夹紧：螺旋夹紧。

A.1.8　钻连杆体小端油孔夹具

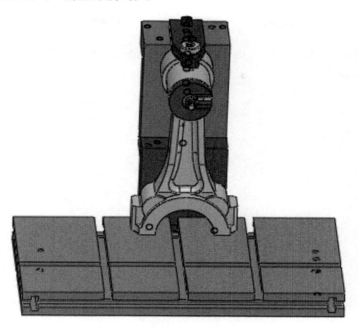

元件明细表		
编　号	名　　称	数　量
PZ01	长方形基础板	1
PZ02	侧板 1	1
PZ03	侧板 2	1
PZ07	夹紧压板 1	1
GZ03	可换钻套	1
PZ11	圆形定位盘	1
GZ11	菱形销	1
PZ12	支撑轴	1
GZ09	开口垫片	1
PZ16	T 形槽用螺母 1	7
PZ18	T 形槽用螺母 3	1

定位： 下侧板前面和圆形定位盘端面构成大平面限制三个自由度，长方形基础板限制两个自由度，菱形销限制一个自由度。

夹紧： 螺旋夹紧。

A.1.9 钻连杆体螺纹孔底孔夹具

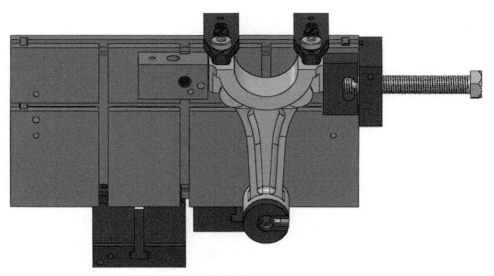

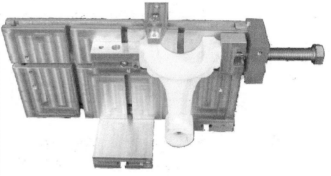

元件明细表		
编　号	名　　称	数　量
PZ01	长方形基础板	1
PZ03	侧板 2	2
GZ10	圆柱销	1
PZ19	定位板 1	1
PZ04	夹紧侧板	1
GZ12	压紧螺钉	1
PZ09	挡块	1
PZ07	夹紧压板 1	2
GZ03	可换钻套	2
PZ16	T 形槽用螺母 1	8
PZ18	T 形槽用螺母 3	2

定位：长方形基础板限制三个自由度，圆柱销限制两个自由度，定位板限制一个自由度。

夹紧：螺旋夹紧。

A.1.10　铣连杆端盖结合面夹具

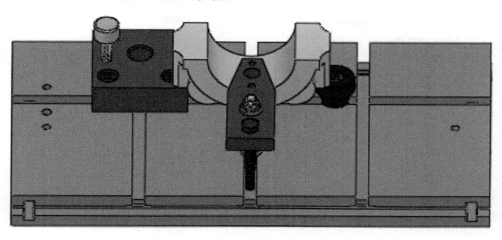

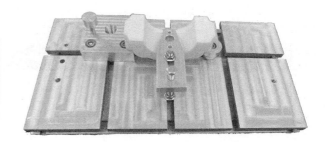

元件明细表		
编　号	名　称	数　量
PZ01	长方形基础板	1
PZ04	夹紧侧板	1
GZ06	圆形对刀块	1
GZ10	圆柱销	1
PZ07	夹紧压板 1	1
PZ12	支撑轴	1
PZ16	T 形槽用螺母 1	3
PZ18	T 形槽用螺母 3	1

　　定位：通过圆柱销和夹紧侧板形成一个面，只需限制三个自由度。

　　夹紧：压板夹紧。

A.2 拨叉(零件号 831002)加工拼装夹具

A.2.1 铣 $\phi 25$ 表面夹具

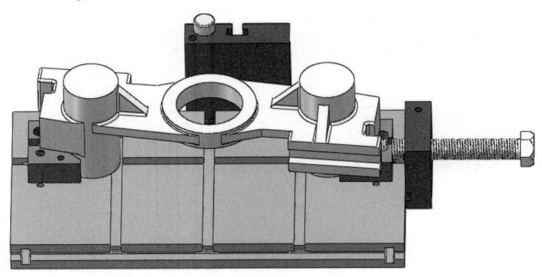

元件明细表		
编　号	名　　称	数　量
PZ01	长方形基础板	1
GZ01	固定 V 形块	1
PZ04	夹紧侧板	1
GZ12	压紧螺钉	1
GZ02	活动 V 形块	1
PZ03	侧板 2	1
GZ06	圆形对刀块	1
PZ16	T 形槽用螺母 1	4

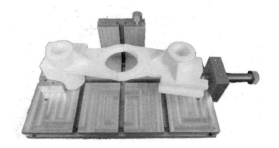

定位: 长方形基础板限制三个自由度,固定 V 形块限制两个自由度,活动 V 形块限制一个自由度。

夹紧: 螺旋夹紧。

A.2.2　铣 φ72 表面夹具

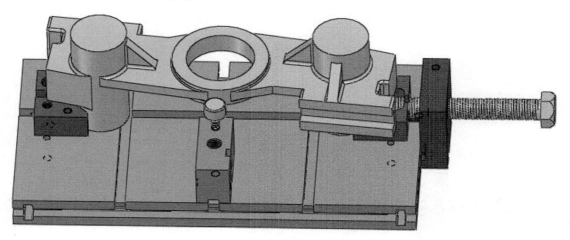

元件明细表		
编　号	名　　称	数　量
PZ01	长方形基础板	1
GZ01	固定 V 形块	1
PZ04	夹紧侧板	1
GZ12	压紧螺钉	1
GZ02	活动 V 形块	1
PZ19	定位板 1	1
GZ06	圆形对刀块	1
PZ16	T 形槽用螺母 1	3

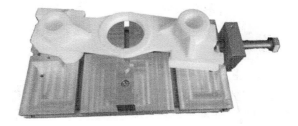

定位：长方形基础板限制三个自由度，固定 V 形块限制两个自由度，活动 V 形块限制一个自由度。

夹紧：螺旋夹紧。

A.2.3　钻扩铰 $\phi25$ 孔夹具

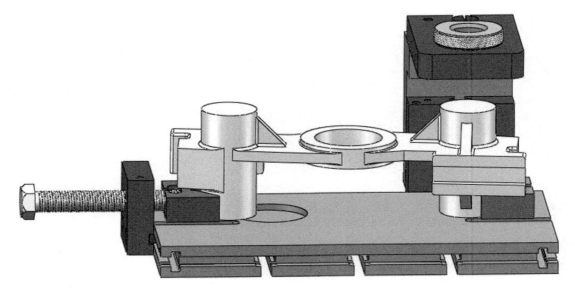

元件明细表		
编　号	名　　称	数　量
PZ01	长方形基础板	1
GZ01	固定 V 形块	1
PZ04	夹紧侧板	1
GZ12	压紧螺钉	1
GZ02	活动 V 形块	1
PZ03	侧板 2	1
PZ02	侧板 1	1
PZ05	钻模板	1
GZ08	定位衬套	1
GZ04	可换钻套	1
PZ16	T 形槽用螺母 1	6

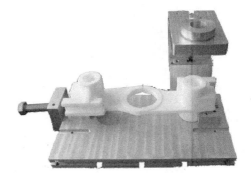

　　定位：长方形基础板限制三个自由度，固定 V 形块限制两个自由度，活动 V 形块限制一个自由度。

　　夹紧：螺旋夹紧。

A.2.4 铣槽平面夹具

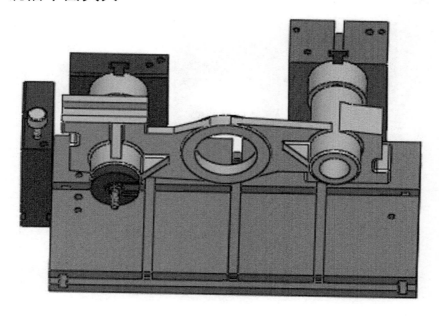

元件明细表		
编 号	名 称	数 量
PZ01	长方形基础板	1
PZ02	侧板 1	1
PZ03	侧板 2	2
PZ11	圆形定位盘	2
GZ10	圆柱销	1
GZ11	菱形销	1
PZ12	支撑轴	1
GZ09	开口垫片	1
GZ05	直角对刀块	1
PZ16	T 形槽用螺母 1	10

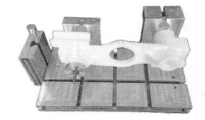

　　定位：一面两销。两个圆形定位盘端面限制三个自由度，圆柱销限制两个自由度，菱形销限制一个自由度。

　　夹紧：螺旋夹紧。

A.2.5　镗 φ55 孔夹具

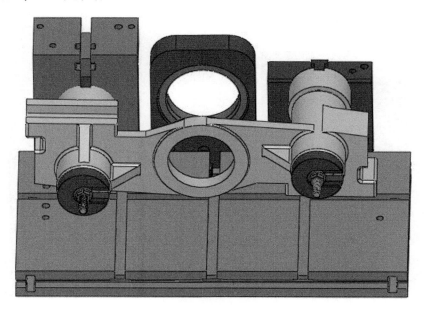

元件明细表		
编　号	名　　称	数　量
PZ01	长方形基础板	1
PZ02	侧板 1	1
PZ03	侧板 2	1
PZ11	圆形定位盘	2
PZ12	支撑轴	2
GZ10	圆柱销	1
GZ11	菱形销	1
GZ09	开口垫片	2
PZ06	钻镗模板	1
GZ07	固定衬套	1
PZ16	T 形槽用螺母 1	8
PZ17	T 形槽用螺母 2	1

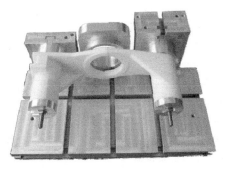

定位：一面两销。两个圆形定位盘端面限制三个自由度，圆柱销限制两个自由度，菱形销限制一个自由度。

夹紧：螺旋夹紧。

A.2.6 铣断夹具

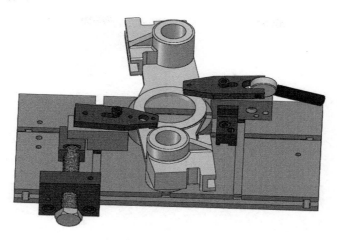

元件明细表		
编　号	名　　称	数　量
PZ01	长方形基础板	1
PZ10	铣断垫板	1
PZ11	圆形定位盘	1
GZ11	菱形销	1
PZ19	定位板 1	1
PZ08	夹紧压板 2	1
PZ13	偏心轮	1
PZ15	手柄	1
PZ20	定位板 2	1
PZ07	夹紧压板 1	1
PZ04	夹紧侧板	1
GZ12	压紧螺钉	1
PZ21	斜楔挡块	1
GZ05	直角对刀块	1
PZ16	T 形槽用螺母 1	6
PZ17	T 形槽用螺母 2	1
PZ16	T 形槽用螺母 3	2

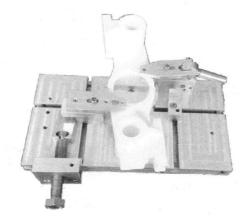

　　定位：一面两销。圆形定位盘和铣断垫板端面限制三个自由度，铣断垫板凸台限制两个自由度，菱形销限制一个自由度。

　　夹紧：一个斜楔夹紧机构和一个偏心夹紧机构夹紧。

A.2.7　铣螺纹端面夹具

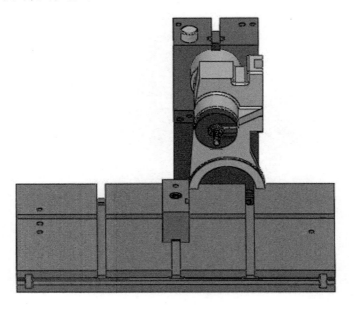

元件明细表		
编　号	名　　称	数　量
PZ01	长方形基础板	1
PZ02	侧板 1	1
PZ03	侧板 2	1
PZ11	圆形定位盘	1
PZ14	定位轴	1
PZ12	支撑轴	1
GZ09	开口垫片	1
GZ06	圆形对刀块	1
PZ19	定位板 1	1
PZ16	T 形槽用螺母 1	4

定位： 定位轴限制四个自由度，圆形定位盘端面限制一个自由度，定位板限制一个自由度。

夹紧： 螺旋夹紧。

A.2.8　钻螺纹底孔夹具

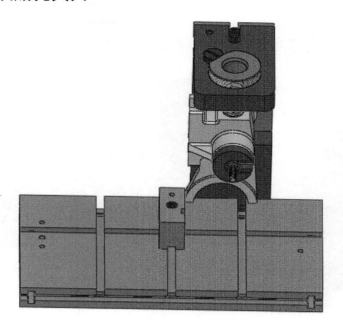

元件明细表		
编　号	名　　称	数　量
PZ01	长方形基础板	1
PZ02	侧板 1	1
PZ03	侧板 2	1
PZ11	圆形定位盘	1
PZ14	定位轴	1
PZ12	支撑轴	1
GZ09	开口垫片	1
PZ05	钻模板	1
GZ08	定位衬套	1
GZ04	快换钻套	2
PZ19	定位板 1	1
PZ16	T 形槽用螺母 1	5

定位：定位轴限制四个自由度，圆形定位盘端面限制一个自由度，定位板限制一个自由度。

夹紧：螺旋夹紧。

A.3 拨叉(零件号 831006)加工拼装夹具

A.3.1 铣 $\phi 40$ 上表面夹具

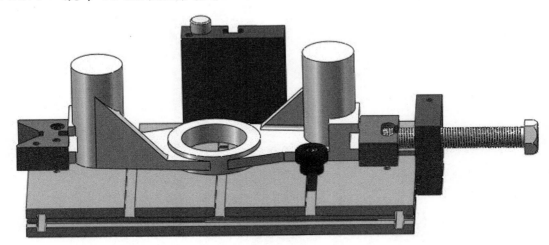

元件明细表		
编 号	名 称	数 量
PZ01	长方形基础板	1
GZ01	固定 V 形块	1
PZ04	夹紧侧板	1
GZ12	压紧螺钉	1
PZ09	挡块	1
GZ10	圆柱销	1
PZ03	侧板 2	1
GZ06	圆形对刀块	1
PZ16	T 形槽用螺母 1	5

定位：长方形基础板限制三个自由度，固定 V 形块作为挡块限制两个自由度，圆柱销限制一个自由度。

夹紧：螺旋夹紧。

A.3.2　铣 ϕ72 下表面夹具

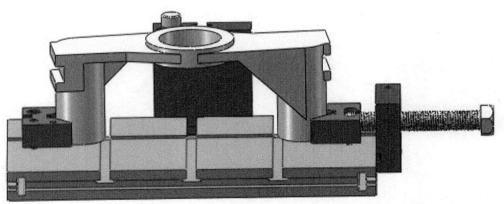

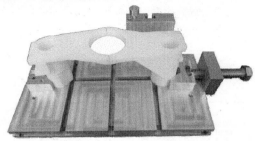

元件明细表		
编　号	名　　称	数　量
PZ01	长方形基础板	1
GZ01	固定 V 形块	1
PZ04	夹紧侧板	1
GZ12	压紧螺钉	1
GZ02	活动 V 形块	1
PZ03	侧板 2	1
GZ06	圆形对刀块	1
PZ16	T 形槽用螺母 1	5

　　定位：长方形基础板限制三个自由度，固定 V 形块限制两个自由度，活动 V 形块限制一个自由度。

　　夹紧：螺旋夹紧。

A.3.3　铣 ϕ72 上表面夹具

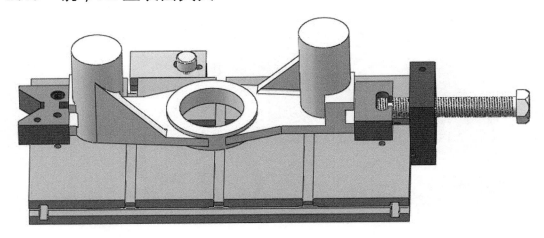

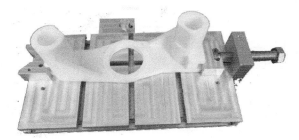

元件明细表		
编　号	名　称	数　量
PZ01	长方形基础板	1
GZ01	固定 V 形块	1
PZ04	夹紧侧板	1
GZ12	压紧螺钉	1
PZ09	挡块	1
PZ19	定位板 1	1
GZ06	圆形对刀块	1
PZ16	T 形槽用螺母 1	4

　　定位：长方形基础板限制三个自由度，固定 V 形块作为挡块限制两个自由度，为不完全定位。

　　夹紧：螺旋夹紧。

A.3.4   钻扩铰 φ25 孔夹具

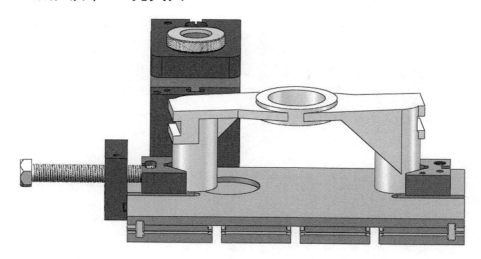

元件明细表		
编 号	名 称	数 量
PZ01	长方形基础板	1
GZ01	固定 V 形块	1
PZ04	夹紧侧板	1
GZ12	压紧螺钉	1
GZ02	活动 V 形块	1
PZ02	侧板 1	1
PZ05	钻模板	1
GZ08	定位衬套	1
GZ04	快换钻套	2
PZ16	T 形槽用螺母 1	6

定位：长方形基础板限制三个自由度，固定 V 形块限制两个自由度，活动 V 形块限制一个自由度。

夹紧：螺旋夹紧。

A.3.5　镗 φ55 孔夹具

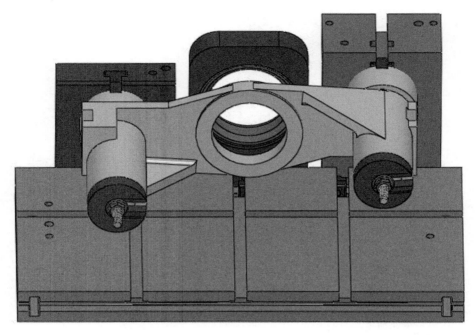

元件明细表		
编　号	名　　称	数　量
PZ01	长方形基础板	1
PZ02	侧板 1	1
PZ03	侧板 2	1
PZ11	圆形定位盘	2
GZ10	圆柱销	1
GZ11	菱形销	1
PZ12	支撑轴	2
GZ09	开口垫片	2
PZ06	钻镗模板	1
GZ07	固定衬套	1
PZ16	T 形槽用螺母 1	8
PZ17	T 形槽用螺母 2	1

　　定位：一面两销。两个圆形定位盘端面限制三个自由度，圆柱销限制两个自由度，菱形销限制一个自由度。

　　夹紧：螺旋夹紧。

A.3.6 铣断夹具

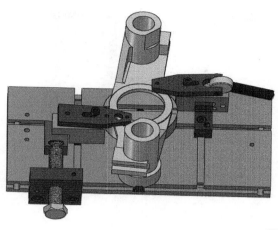

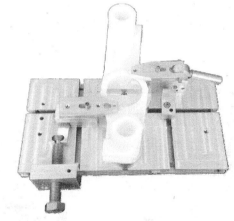

元件明细表		
编 号	名 称	数 量
PZ01	长方形基础板	1
PZ10	铣断垫板	1
PZ11	圆形定位盘	1
GZ11	菱形销	1
PZ19	定位板 1	1
PZ08	夹紧压板 2	1
PZ13	偏心轮	1
PZ15	手柄	1
PZ20	定位板 2	1
PZ07	夹紧压板 1	1
PZ04	夹紧侧板	1
GZ12	压紧螺钉	1
PZ21	斜楔挡块	1
GZ05	直角对刀块	1
PZ16	T 形槽用螺母 1	6
PZ17	T 形槽用螺母 2	1
PZ18	T 形槽用螺母 3	2

定位：一面两销。圆形定位盘和铣断垫板端面限制三个自由度，铣断垫板凸台限制两个自由度，菱形销限制一个自由度。

夹紧：一个斜楔夹紧机构和一个偏心夹紧机构夹紧。

A.3.7 铣槽面夹具

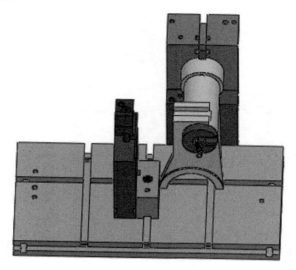

元件明细表		
编　号	名　　称	数　量
PZ01	长方形基础板	1
PZ02	侧板 1	1
PZ03	侧板 2	2
PZ11	圆形定位盘	1
PZ14	定位轴	1
PZ12	支撑轴	1
GZ09	开口垫片	1
PZ19	定位板 1	1
GZ05	直角对刀块	1
PZ16	T 形槽用螺母 1	8

　　定位：定位轴限制四个自由度，圆形定位盘端面限制一个自由度，定位板限制一个自由度。

　　夹紧：螺旋夹紧。

A.4　拨叉(零件号 831007)加工拼装夹具

A.4.1　铣 ϕ40 上表面夹具

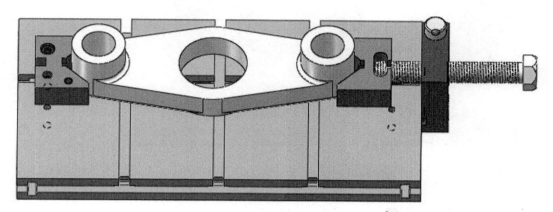

元件明细表		
编　号	名　　称	数　量
PZ01	长方形基础板	1
GZ01	固定 V 形块	1
PZ04	夹紧侧板	1
GZ12	压紧螺钉	1
GZ02	活动 V 形块	1
GZ06	圆形对刀块	1
PZ16	T 形槽用螺母 1	3

定位：长方形基础板限制三个自由度，固定 V 形块限制两个自由度，活动 V 形块限制一个自由度。

夹紧：螺旋夹紧。

A.4.2　铣 $\phi72$ 上表面夹具

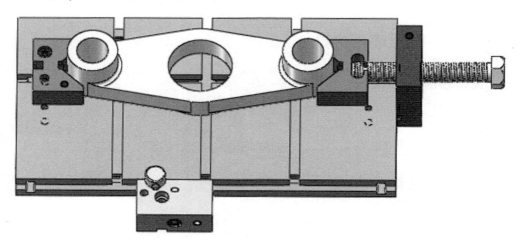

元件明细表		
编　号	名　　称	数　量
PZ01	长方形基础板	1
GZ01	固定 V 形块	1
PZ04	夹紧侧板	1
GZ12	压紧螺钉	1
GZ02	活动 V 形块	1
PZ19	定位板 1	1
GZ06	圆形对刀块	1
PZ16	T 形槽用螺母 1	4

定位：长方形基础板限制三个自由度，固定 V 形块限制两个自由度，活动 V 形块限制一个自由度。

夹紧：螺旋夹紧。

A.4.3 钻扩铰 $\phi 25$ 孔夹具

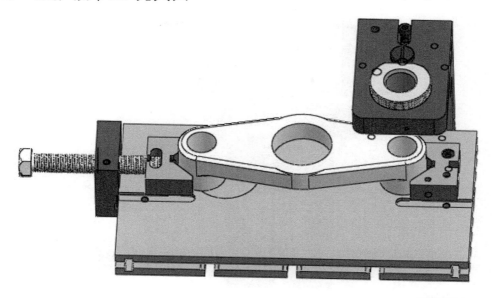

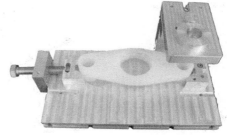

元件明细表		
编　号	名　　称	数　量
PZ01	长方形基础板	1
GZ01	固定 V 形块	1
PZ04	夹紧侧板	1
GZ12	压紧螺钉	1
GZ02	活动 V 形块	1
PZ02	侧板 1	1
PZ05	钻模板	1
GZ08	定位衬套	1
GZ04	快换钻套	2
PZ16	T 形槽用螺母 1	6

　　定位：长方形基础板限制三个自由度，固定 V 形块限制两个自由度，活动 V 形块限制一个自由度。

　　夹紧：螺旋夹紧。

A.4.4 镗 φ55 孔夹具

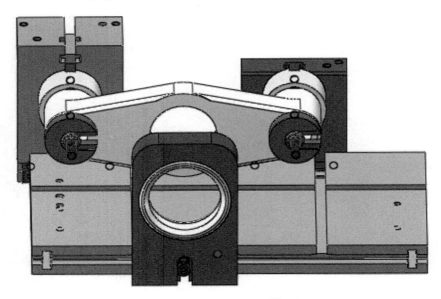

元件明细表		
编　号	名　　称	数　量
PZ01	长方形基础板	1
PZ02	侧板 1	1
PZ03	侧板 2	1
PZ11	圆形定位盘	2
GZ10	圆柱销	1
GZ11	菱形销	1
GZ09	开口垫片	2
PZ06	钻镗模板	1
GZ07	固定钻套	1
PZ16	T 形槽用螺母 1	8
PZ17	T 形槽用螺母 2	1

定位：一面两销。两个圆形定位盘端面限制三个自由度，圆柱销限制两个自由度，菱形销限制一个自由度。

夹紧：螺旋夹紧。

A.4.5　钻 M6 螺纹底孔夹具

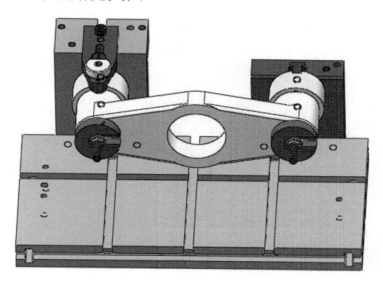

元件明细表		
编　号	名　　称	数　量
PZ01	长方形基础板	1
PZ02	侧板 1	1
PZ03	侧板 2	1
PZ11	圆形定位盘	2
PZ12	支撑轴	2
GZ10	圆柱销	1
GZ11	菱形销	1
GZ09	开口垫片	2
PZ07	夹紧压板	1
GZ03	可换钻套	1
PZ16	T 形槽用螺母 1	8
PZ17	T 形槽用螺母 2	1

定位：一面两销。两个圆形定位盘端面限制三个自由度，圆柱销限制两个自由度，菱形销限制一个自由度。

夹紧：螺旋夹紧。

A.4.6　铣断夹具

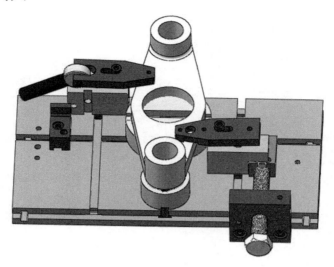

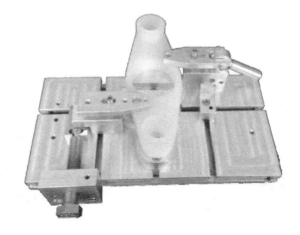

元件明细表		
编　号	名　称	数　量
PZ01	长方形基础板	1
PZ10	铣断垫板	1
PZ11	圆形定位盘	1
GZ11	菱形销	1
PZ20	定位板 2	1
PZ07	夹紧压板 1	1
PZ04	夹紧侧板	1
GZ12	压紧螺钉	1
PZ21	斜楔挡块	1
PZ19	定位板 1	1
PZ08	夹紧压板 2	1
PZ13	偏心轮	1
PZ15	手柄	1
GZ05	直角对刀块	1
PZ16	T 形槽用螺母 1	6
PZ17	T 形槽用螺母 2	1
PZ18	T 形槽用螺母 3	2

　　定位：一面两销。圆形定位盘和铣断垫板端面限制三个自由度，铣断垫板凸台限制两个自由度，菱形销限制一个自由度。

　　夹紧：一个斜楔夹紧机构和一个偏心夹紧机构夹紧。

A.5　传动轴加工拼装夹具

A.5.1　铣键槽夹具

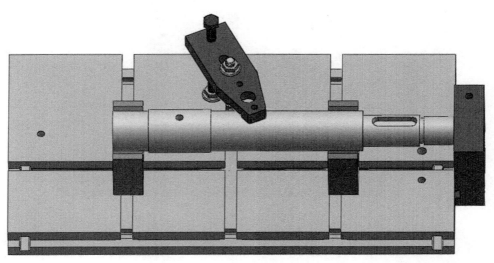

元件明细表		
编　号	名　　称	数　量
PZ01	长方形基础板	1
GZ01	固定 V 形块	1
GZ02	活动 V 形块	1
PZ04	夹紧侧板	1
PZ07	夹紧压板 1	1
PZ12	支撑轴	1
PZ16	T 形槽用螺母 1	4
PZ18	T 形槽用螺母 3	1

　　定位：两个 V 形块限制四个自由度，夹紧侧板限制一个自由度，共需限制五个自由度。

　　夹紧：压板夹紧。

A.5.2　钻 $\phi 5$ 孔夹具

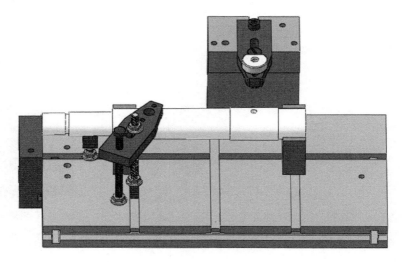

元件明细表		
编　号	名　　称	数　量
PZ01	长方形基础板	1
GZ01	固定 V 形块	1
GZ02	活动 V 形块	1
PZ04	夹紧侧板	1
PZ02	侧板 1	1
PZ07	夹紧压板 1	2
GZ03	可换钻套	1
PZ12	支撑轴	1
PZ16	T 形槽用螺母 1	7
PZ18	T 形槽用螺母 3	2

定位：两个 V 形块限制四个自由度，夹紧侧板限制一个自由度，T 形槽用螺母伸入键槽限制一个自由度。

夹紧：压板夹紧。

附录 B   拼装夹具模型元件明细表

B.1   非标元件

序 号	名 称	编 号	简 介	数 量
01	长方形基础板	PZ01	夹具体的基础件。 正面和四周开有 T 形槽，可安装定位或夹紧等各类元件，并实现其位置调节。 背面圆孔用于钻孔时刀具让刀，凹槽用于与机床连接时安装定位键	1
02	侧板 1	PZ02	可固定于长方形基础板侧面的 T 形槽上，采用 T 形槽用螺母 1(PZ16)与螺钉定位并夹紧。 正面开有凹槽，用于定位。 后面开有 T 形槽，实现连接零件上下位置的调节。 上方 T 形槽，实现钻模板的前后调节	1
03	侧板 2	PZ03	同上，分为长、短两块，可实现连接零件上下位置的调节。 配合侧板 1 的使用，可实现钻模板位置的调整和对刀块的放置	2
04	夹紧侧板	PZ04	可固定于长方形基础板侧面的 T 形槽上，采用 T 形槽用螺母与螺钉定位并夹紧。 与压紧螺钉配合使用，实现被加工零件的螺旋夹紧	1

序　号	名　称	编　号	简　介	数　量
05	钻模板	PZ05	配合侧板 1 使用，采用 T 形槽用螺母与螺钉定位并夹紧。长方形槽实现钻模板的前后调节，孔与衬套、钻套配合使用，实现孔加工时的导向	1
06	钻镗模板	PZ06	同上，用来加工较大的孔。镗模板与钻模板的组合	1
07	夹紧压板 1	PZ07	压板夹紧机构的执行元件，可实现螺旋夹紧。也可用来做钻小孔的钻模板	2
08	夹紧压板 2	PZ08	在夹紧压板 1 的基础上进行结构的修改，用于实现偏心轮夹紧	1
09	挡块	PZ09	夹紧机构的执行元件，与压紧螺钉配合，实现平面的夹紧	1
10	铣断垫板	PZ10	固定在长方形基础板上，实现铣断夹具的面定位或销定位	1

序　号	名　称	编　号	简　介	数　量
11	圆形定位盘	PZ11	作为凸台，实现定位轴与支承板的连接中介。 提供面定位的基面	2
12	支撑轴	PZ12	实现连接作用或夹紧时的支撑作用。 长度分别为 40mm、60mm、85mm、150mm	若干
13	偏心轮	PZ13	实现偏心轮夹紧	1
14	定位轴	PZ14	与圆形定位盘配合使用，作为长轴进行孔定位	1
15	手柄	PZ15	螺旋夹紧与偏心轮夹紧用手柄	1
16	T 形槽用螺母 1	PZ16	铣两边，螺纹较长，实现槽之间的定位	10

续表

序 号	名 称	编 号	简 介	数 量
17	T 形槽用螺母 2	PZ17	铣四边，螺纹较长，实现槽之间十字交叉时，两个方向的定位调整	3
18	T 形槽用螺母 3	PZ18	铣两边，普通螺母，用于与轴杆连接，起固定作用	3
19	定位板 1	PZ19	用于放置圆形对刀块或直角对刀块	1
20	定位板 2	PZ20	在原有的定位板上开有缺口，用于实现斜楔夹紧时，楔块与顶销的放置和移动	1
21	斜楔挡板	PZ21	斜楔夹紧机构的传动元件，与压紧螺钉及顶销配合，实现斜楔夹紧	1

B.2　改装元件

序　号	名　称	编　号	简　介	数　量
01	固定 V 形块	GZ01	采用标准固定 V 形块 B 型。 增加定位槽与固定轴孔用于不同位置的放置。 增加螺纹孔用于对刀块的放置	1
02	活动 V 形块	GZ02	用于夹紧机构的执行元件，与压紧螺钉配合使用，实现外圆面的夹紧	1
03	可换钻套	GZ03	用于钻 $\phi5$ 的孔 1 个。 用于钻 $\phi6$ 的孔 1 个	2
04	快换钻套	GZ04	用于钻 $\phi23$ 的孔 1 个。 用于钻 $\phi25$ 的孔 1 个	2
05	直角对刀块	GZ05	在标准的对刀块上进行修改，实现铣槽时的对刀需要	1
06	圆形对刀块	GZ06	采用螺旋固定，方便调整，实现铣平面时的对刀需求	1
07	固定钻套	GZ07	用于钻 $\phi55$ 的孔，并用作镗 $\phi55$ 孔的镗套	1

续表

序　号	名　称	编　号	简　介	数　量
08	定位衬套	GZ08	与快换钻套配合使用	1
09	开口垫片	GZ09	螺旋夹紧时实现快速夹紧和快速放松	2
10	圆柱销	GZ10	圆柱定位销，可与圆形定位盘和 T 形槽用螺母配合使用，也可作为挡销使用	1
11	菱形销	GZ11	与圆柱定位销配合使用，实现"一面两销"的定位方式	1
12	压紧螺钉	GZ12	与活动 V 形块配合实现夹紧	1

B.3　标准元件

序　号	名　称	编　号	简　介	数　量
01	定位销	BZ01	圆柱销 A 型(GB/T 119—2000) $\phi6\times25$ $\phi6\times30$	若干
02	六角头螺栓	BZ02	六角头螺栓(GB/T 5782—2000) M6×30 M6×50 M6×80 M6×110	若干

续表

序　号	名　称	编　号	简　介	数　量
03	内六角圆柱头螺钉	BZ03	内六角圆柱头螺钉(GB/T70.1—2000) 　　M6×25 　　M6×35	若干
04	钻套用螺钉	BZ04	钻套用螺钉(JB/T 8045.5—1995) M5：与钻 $\phi 5$ 和 $\phi 6$ 孔的钻套配合使用。 M8：与钻 $\phi 23$ 和 $\phi 25$ 孔的钻套配合使用。	2
05	六角法兰面螺母	BZ05	六角法兰面螺母(GB/T6177.1—2000) 　　M6	若干

附录 C 拼装夹具模型元件装箱图

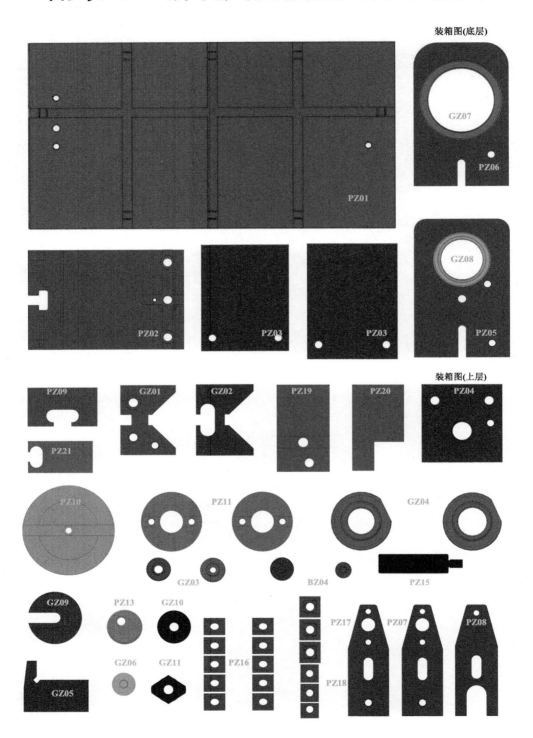

装箱图(底层)

装箱图(上层)

装箱图(顶层)

| BZ03
M6×25
M6×35 | BZ01
PZ14 | | | | |

				内六角 扳手	外六角 扳手	GZ12	BZ02 M6×30 M6×50	BZ02 M6×80 M6×110	PZ12 M6×40 M6×60	PZ12 M6×85 M6×150

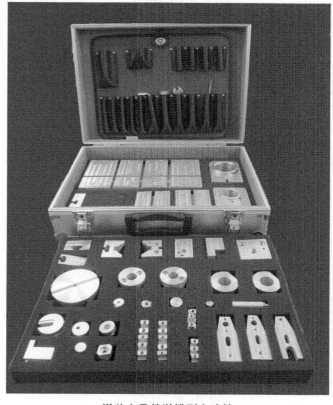

拼装夹具教学模型实验箱

参 考 文 献

[1] 赵家齐. 机械制造工艺学课程设计指导书[M]. 2 版. 北京：机械工业出版社，2007.

[2] 李旦，邵向东，王杰. 机床专用夹具图册[M]. 2 版. 哈尔滨：哈尔滨工业大学出版社，2005.

[3] 宋晓英，胡林岚. 便携式专用夹具拼装教学模型：中国，0410053.6 [P]. 2014-12-31.

[4] 朱耀祥，蒲林祥. 现代夹具设计手册[M]. 北京：机械工业出版社，2009.

[5] 宋晓英，胡林岚，王传红，等. 便携式拼装夹具模型的创新设计及在教学中的应用[J]. 实验室研究与探索，2017，4：(167-170).

[6] 陈旭东. 机床夹具设计[M]. 2 版. 北京：清华大学出版社，2014.

[7] 陈宏钧. 机械加工工艺装备设计员手册[M]. 北京：机械工业出版社，2008.

[8] 罗绍新. 机械创新设计[M]. 2 版. 北京：机械工业出版社，2008.

[9] 于大国. 机械制造技术基础与机械制造工艺学课程设计教程[M]. 北京：国防工业出版社，2011.

[10] 孟宪栋. 机床夹具图册[M]. 北京：机械工业出版社，2005.

[11] 曹岩. 组合夹具手册与三维图库(Solidworks 版)[M]. 北京：化学工业出版社，2013.

[12] 孙已德. 机床夹具图册[M]. 北京：机械工业出版社，1983.

[13] 姚荣庆. 夹具应用实训[M]. 北京：机械工业出版社，2012.

[14] 王寿龙，魏小立. 夹具使用项目训练教程[M]. 北京：高等教育出版社，2011.

[15] 周益军，王家珂. 机械加工工艺编制及专用夹具设计[M]. 北京：高等教育出版社，2012.

[16] 刘守勇，李增平. 机械制造工艺与机床夹具[M]. 3 版. 北京：机械工业出版社，2013.

[17] 宋晓英，池寅生，冯晋，等. 机械 CADCAM 基础及应用[M]. 2 版. 北京：高等教育出版社，2015.

[18] 傅玲梅. 机床夹具设计与制作[M]. 北京：中国劳动社会保障出版社，2008.

[19] 吴拓. 机械制造工艺与机床夹具课程设计指导[M]. 2 版. 北京：机械工业出版社，2010.

[20] 吴拓. 现代机床夹具典型结构图册[M]. 北京：化学工业出版社，2011.

[21] 吴拓. 机床夹具设计实用手册[M]. 北京：化学工业出版社，2014.

[22] 吴拓. 简明机床夹具设计手册[M]. 北京：化学工业出版社，2010.

[23] 倪森寿. 机械制造工艺与装备[M]. 北京：化学工业出版社，2007.

[24] 王光斗. 机床夹具设计手册[M]. 上海：上海科学技术出版社，1987.